国家自然科学基金项目(51604101,51734007, 51704099)
国家重点研发计划课题(2018YFC0808103)

真三轴条件下受载煤体损伤与瓦斯渗流耦合机理研究

刘佳佳　著

U0214059

煤炭工业出版社

·北　京·

内 容 提 要

本书采用理论分析、实验研究、模拟研究和现场应用相结合的研究方法，从细微观角度分析煤体受载前后裂隙微观结构及不同层理煤样受力前后形态特性的差异，开展真三轴载荷含层理煤体的渗透率实验研究，构建真三轴条件下渗流特性与最大主应力、中间主应力、最小主应力、有效应力、不同层理构造之间的定性与定量关系，建立考虑 Klinkenberg 效应、瓦斯压力压缩变形、吸附膨胀和有效应力影响的真三轴载荷煤体渗透率动态演化模型及煤岩损伤与渗流耦合模型，并进行煤岩损伤与渗流特性的数值模拟及现场应用。

本书可供安全工程及相关专业的科研及工程技术人员参考。

前　言

虽然目前我国对一次性能源结构进行了调整，但煤炭仍然占一次性能源的70%以上。根据预测，直到2020年我国的发展能源战略将仍然以煤炭为主体。随着煤矿开采深度和开采规模的不断增加，煤层瓦斯含量和压力都呈明显增大趋势，导致矿井瓦斯排放量也迅速增加。根据有关部门统计，我国矿井瓦斯排放量占世界瓦斯排放总量的30%，我国每年煤矿排放到大气中的瓦斯量达 1.94×10^{10} m³，排放的大量瓦斯造成了严重的环境污染。如果可以对煤层中的瓦斯进行有效的抽采并进一步加以利用，既可以降低煤矿瓦斯灾害，降低煤层瓦斯含量和压力，也可以"变害为宝"，真正实现环境保护、安全生产和新能源供应的煤炭工业良好循环可持续健康发展。

我国煤层瓦斯赋存以"三高一低"（高应力、高瓦斯压力、高瓦斯含量及低渗透性）为主要特征，煤储层构造复杂，煤层存在许多强烈变形，受载煤体的三向应力受到煤层赋存情况、煤层倾角等地质条件，以及构造运动等力学扰动的影响而有明显差别，所处的应力条件一般为三向不等压状态。另外，瓦斯抽采、煤层开挖等采动行为也会使应力重新分布导致局部应力集中，其应力环境同样为三向不等压状态，即真三轴应力状态。与此同时，由于我国成煤历史过程的不均匀性、煤体本身构造、孔隙裂隙发育和变形程度的不同，很大程度上影响着煤体强度和力学变形特征，致使煤层不同层理方向上裂隙扩展特征和渗透率演化有明显差别。因此，开展真三轴条件下不同层理构造

（垂直、平行和斜交层理）受载煤体渗流特性的研究迫在眉睫。

本书的研究得到了国家自然科学基金青年基金"真三轴条件下含瓦斯煤岩损伤与渗流耦合机理研究（51604101）"、国家自然科学基金重点项目"深部开采采空区覆岩卸压瓦斯精准抽采基础研究（51734007）"、国家自然科学基金青年基金"中高煤阶煤瓦斯吸附能力差异性的低场核磁共振实验研究（51704099）"、国家重点研发计划课题"风井防爆门快速复位技术与装备（2018YFC0808103）"、河南省博士后经费资助"深部采动煤体变形与瓦斯解吸－渗流多场耦合机理研究"、河南理工大学博士基金资助项目（B2018－59）和中原青年博士后创新人才等项目的资助；并且本书在成书过程中得到了导师王凯教授的悉心指导和帮助，在此一并表示感谢！

由于作者水平所限，书中可能存在不当之处，敬请读者批评指正！

著　者

2018 年 8 月于河南理工大学

目　　次

1 绪 论

1.1 研究背景及意义

煤炭是我国的主要能源，虽然一次性能源结构已进行了调整，但煤炭仍然占一次性能源 70% 以上。根据国家发改委能源所预测，直至 2020 年我国的能源发展战略仍将以煤炭为主体。近十年来，随着经济的快速增长，煤炭的需求量也增长迅速，2003—2016 年我国煤炭年产量由 1.6 Gt 增加到 3.36 Gt，煤炭年产量增长了 110%，具体如图 1-1 所示。

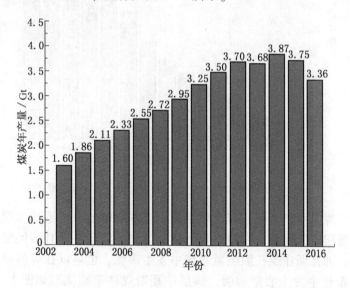

图 1-1 2003—2016 年我国煤炭年产量

随着煤矿开采深度和开采规模的不断增加，煤层瓦斯含量和压力都呈明显增大趋势，导致矿井瓦斯排放量也迅速增加。

根据有关部门统计，我国矿井瓦斯排放量占世界瓦斯排放总量的30%，我国每年煤矿排放到大气中的瓦斯量达 1.94×10^{10} m^3，排放的大量瓦斯造成了严重的环境污染。如果可以对煤层中的瓦斯进行有效的抽采并进一步加以利用，既可以降低煤矿瓦斯灾害，降低煤层瓦斯含量和压力，也可以"变害为宝"，真正实现环境保护、安全生产和新能源供应的煤炭工业良好循环可持续健康发展。2003—2016 年我国地面煤层气产量和井下瓦斯抽采量如图 1 – 2 所示。

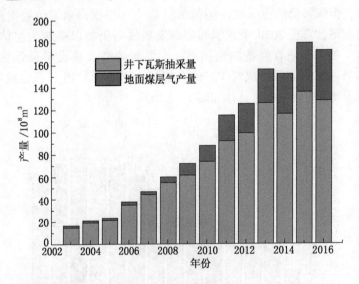

图 1 – 2　2003—2016 年我国地面和井下瓦斯抽采量

煤是一种具有孔隙介质系统、煤基质中的微孔系统和裂隙系统组成的孔隙 – 裂隙双重介质，煤层瓦斯运移具有多尺度特性，即瓦斯在煤孔隙裂隙系统中发生渗流，也可以在煤基质微孔系统中发生吸附解吸。煤层中瓦斯气体流动状态如图 1 – 3 所示。

煤和煤体中瓦斯之间具有复杂的耦合关系，一方面煤体瓦斯压力的下降会引起有效应力的增加，进而引起煤体变形，导

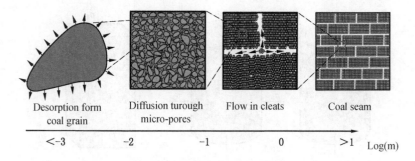

图 1-3　煤层中瓦斯气体流动状态示意图

致煤体渗流能力的降低，相反瓦斯压力的增加会引起有效应力的降低，使煤体更易于破坏，同时也削弱了煤的强度，最终导致突出灾害的发生；另一方面瓦斯解吸使煤基质收缩变形导致煤体渗流能力增加，相反瓦斯吸附使煤基质膨胀导致煤体渗流能力降低，瓦斯吸附会在煤体原生或次生裂纹尖端产生附加拉应力，使煤层的应力分布更不均匀、更容易破坏，而煤矿开采过程中的煤体变形和瓦斯流动均是在流固耦合作用影响下进行的。

由于受载煤体的三向应力受到煤层赋存情况、煤层倾角等地质条件，以及构造运动等力学扰动的影响而有明显差别，所处的应力条件一般为三向不等压状态。另外，瓦斯抽采、煤层开挖等采动行为也会使应力重新分布导致局部应力集中，其应力环境同样为三向不等压状态，即真三轴应力状态（最大主应力 σ_1 >中间主应力 σ_2 >最小主应力 σ_3）。而载荷煤体的渗流试验通常采用单轴（$\sigma_1 > \sigma_2 = \sigma_3 = 0$）或伪三轴（$\sigma_1 > \sigma_2 = \sigma_3$）进行，其实验环境属于简单应力状态，所反映的应力状态仅是实验受载煤体中的一个特例，这与现场实际情况是不符合的，大多数情况下，煤层中的瓦斯运移以及煤体的破坏和变形，是在复杂应力条件下进行的。单轴、伪三轴及真三轴煤样受力分布情况如图 1-4 所示。

与此同时，由于我国成煤过程的不均匀性、煤体孔隙裂隙发育、煤体本身层理构造和煤体卸压程度的不同，直接影响着

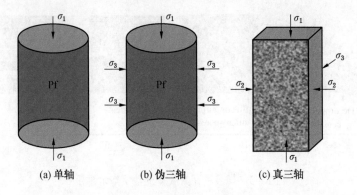

(a) 单轴   (b) 伪三轴   (c) 真三轴

图 1-4 煤样受力分布情况图

煤体力学变形特征，最终导致不同层理方向上煤体裂隙演化扩展特征和渗流特性有明显差别。目前，针对真三轴条件下不同层理构造（垂直、平行和斜交层理）对受载煤体渗流特性影响的研究迫在眉睫，尤其是不同载荷过程对受载煤体裂隙贯通变形机制和渗透率演化规律的影响也尚未清楚。

综上所述，开展真三轴条件下受载煤体渗流特性研究，建立真三轴条件下渗流特性与最大主应力、中间主应力、最小主应力、有效应力和不同层理构造之间的定性与定量关系，以及不同载荷过程的应力变化对煤体裂隙贯通变形机制的影响就自然地摆在科技工作者面前。

1.2 国内外研究现状

1.2.1 煤岩损伤和裂隙演化研究现状

在煤岩损伤力学方面：Levasseur S 在建立考虑各向异性岩石细观损伤力学模型的基础上，研究损伤对微裂隙的影响。D. N. Espinoza 研究了煤基质收缩和瓦斯解吸对煤岩损伤和煤层气抽采的影响，得到了煤岩损伤、煤基质收缩与瓦斯解吸膨胀之间的耦合关系。Hu 建立了含瓦斯煤损伤变形本构方程并进行数值计算。Song 基于 EMR 监测系统分析了煤岩损伤变形及能量耗散过程。张慧梅在建立岩石损伤本构模型的基础上，推导得出模型参数与变形破坏特征参量的关系。周科平采用核磁共振技术研究岩石在卸荷作用下的细观结构损伤破坏规律。朱珍德等采用细观力学试验，分析了裂隙不同阶段的演化规律，建立相应的弹性应变与应力之间的定量关系。

在覆岩采动裂隙动态分布规律方面：Klawitter 利用肖氏硬度试验机反弹，对澳大利亚 Bowen 盆地二叠纪煤的硬度与裂隙演化的规律进行了研究。Lu 针对煤层采动裂隙演化对承压含水层的影响进行了数值模拟研究。张勇研究了采动影响下底板不同应力分区裂隙动态分布及其演化规律。胡永忠研究了煤层群混合开采过程中覆岩裂隙的发育规律。肖鹏通过模拟实验分析得到采动裂隙随着工作面的推进经历了产生、发展和闭合过程，其分布曲线呈马鞍状，分析了采动裂隙场的演化规律。李宏艳通过裂隙场演化相似模拟实验，利用分形理论定量描述裂隙时空演化规律。此外，袁亮提出的深部煤层开采过程中的围岩应力场、裂隙场以及瓦斯流动场之间的动态变化概念；李树刚提出的覆岩采动裂隙椭抛带概念；钱鸣高提出的岩层控制中关键层理论，许家林提出的覆岩采动裂隙分布"O"形圈理论，这些成果的推出对准确掌握覆岩采动裂隙动态分布规律起到了重要的作用。

1.2.2 瓦斯渗流特性影响因素研究现状

煤层中主要有吸附态瓦斯和游离态瓦斯两种，而煤层中分布广泛的孔隙、裂隙则构成了瓦斯渗流的通道，使煤层瓦斯具有渗流能力。瓦斯的渗流特性除了受到煤自身孔隙裂隙发育程度和结构的影响外，还受到孔隙压力、有效应力和不同加卸载等外界因素的影响。

在不同加卸载对瓦斯渗流特性的影响方面：尹光志分别进行了单调加载、复合加卸载（即增加轴压的同时卸载围压）、卸围压等不同应力路径下的渗流特性试验研究。王登科系统分析了不同应力路径下含瓦斯煤的渗透率变化规律。许江进行了不同温度条件下煤变形及渗透特性的循环荷载试验。袁梅进行不同轴压和围压条件下气体压力加卸载过程中渗流试验研究。李鹏考虑煤基质瓦斯吸附膨胀和解吸收缩变形、Klinkenberg效应、加卸载应力路径等多重因素，进行复合加卸载条件下含瓦斯煤渗透率测试。苏承东研究了循环加卸载条件下煤样的变形及强度特征。彭瑞东分析了不同围压作用下煤岩的损伤演化行为。赵洪宝研究了在循环载荷作用下型煤的力学性质及滞回曲线演化规律。徐佑林采用含瓦斯煤热流固三轴伺服试验系统进行不同瓦斯压力、围压和卸围压速率组合条件下的卸围压试验。

在有效应力对含瓦斯煤渗透率的影响方面：Wang S、Liu S、Liu J等构建了含瓦斯煤体的渗透率模型，并开展了载荷煤体的渗透率实验，得到了有效应力对煤体渗透率的影响规律。国内学者李祥春采用理论分析和试验分析的方法，深入研究了煤吸附瓦斯产生膨胀应力与有效应力的关系。唐巨鹏研究了煤层气解吸和渗流特性与有效应力之间的关系。吴世跃对煤的吸附膨胀变形、膨胀应力和有效应力计算公式进行了推导。刘星光在考虑瓦斯吸附膨胀变形的基础上，构建了载荷煤体的有效应力模型，并结合损伤力学等相关理论，得到了吸附有效应力和孔隙有效应力系数对煤体损伤演化的影响规律。祝捷考虑吸附气体相和界面吸附作用的影响，构建了各向异性孔隙介质的有效应力模型。卢平提出含瓦斯煤的变形与破坏受双重有效应力作用。

在孔隙压力对含瓦斯煤渗流特性的影响方面：张朝鹏开展了原煤三轴压缩全过程渗流试验，研究了不同瓦斯压力对原煤渗流特性的影响。张敏研究了气体压力升降对含瓦斯煤变形及渗透率的影响，李建楼研究了刚性围岩中不同瓦斯压力条件下受载煤体渗透特征。许江等通过对原煤试样的渗流试验，将含瓦斯煤渗透率的变化分为加速变化阶段和稳定变化阶段。曹树刚等研究了轴压和围压不同组合条件下，瓦斯压力对突出原煤渗流特性的影响。王刚等构建了瓦斯压力与载荷煤体渗透率关系模型，该模型可以反映出瓦斯压力对载荷含瓦斯煤体渗流特性的影响。尹光志等在固定轴压和围压的实验条件下，研究了瓦斯压力对突出型煤瓦斯渗流特性的影响。

在煤体瓦斯吸附理论研究方面，研究瓦斯在煤岩体中的运移规律首先要掌握煤吸附－解吸瓦斯的机理，煤体对瓦斯的解吸过程是扩散过程与渗流过程共存的物理现象。扩散渗流综合理论认为，瓦斯气体分子不仅进行着扩散运动，同时还进行着渗流运动，许多专家学者普遍认为煤层孔隙裂隙中介质的流动是扩散与渗流的综合结果。Yang 开展了不同温度、煤阶和平衡压力条件下的瓦斯吸附实验，建立了不同煤样瓦斯吸附与温度的关系。Wu 通过分别对不同气体的吸附微观机制进行了研究。张春旺采用压汞和高压等温吸附实验研究了低渗透煤的瓦斯吸附特性及渗透性。高建良利用低场核磁共振技术研究了水分对无烟煤瓦斯吸附特性的影响。肖晓春研究了不同瓦斯吸附压作用下的煤岩力学行为及声－电荷反演规律。柳先锋采用等温吸附实验分析了不同软硬煤的瓦斯吸附特性，得出煤体瓦斯吸附行为不仅受孔隙结构的影响，还与化学结构紧密相关。李树刚采用吸附动力学模型，探讨了温度对煤吸附瓦斯动力学特性的影响。秦跃平设计了封闭空间内煤粒瓦斯变压吸附实验，并构建了煤粒瓦斯变压吸附数学模型，实验结果与理论计算相吻合。闫江伟通过压汞、低温液氮吸附和高压等温吸附试验，探究研究了纳米级孔隙与吸附能力关系。李彦斌采用直流电场作为物理场，对电压作用下煤的瓦斯吸附性进行了试验研究。林海飞选择新疆阜康矿区典型矿井煤样，研究了煤的吸附孔特征参数及其对瓦斯放散初速度的影响。

在煤体瓦斯解吸理论研究方面，国内外学者通过大量的理论研究和实验室测定，取得了不少煤的瓦斯解吸规律成果，描述煤的瓦斯解吸规律或经验公式主要包括巴雷尔式、文特式、艾黎式、博特式、孙重旭式、王佑安式等。Kołodziejek J 等弥补了 Langmuir 理论无法合理解释煤大分子内的多层吸附和毛细凝聚作用的不足。Krooss 对煤吸附能力与其煤化程度之间的关系进行了研究，初步得到二者关系。聂百胜研究了水分对煤体瓦斯解吸扩散的影响。王兆丰揭示了温度对含瓦斯煤粒扩散动态过程的影响机理，改变了瓦斯在煤粒中的扩散能力。杨涛等研究了吸附平衡压力、温度和煤样粒径与有效扩散系数的关系。张萍针对潘集深部煤样，进行了现场地勘钻孔解吸实验和室内等温吸附解吸实验。赵阳升揭示了连通团个数、最大连通团孔隙比随孔隙率和裂隙分形维数的变化规律。

在瓦斯解吸对煤体变形的影响方面，Gao 提出吸附膨胀是瓦斯分子在煤体结构中的扩散、溶解和煤分子调配的过程。Majewska分析了瓦斯在煤体中吸附解吸全过程，开展了煤体的变形应变及声发射规律实验研究。Karacan 认为在一定的自由体积条件下，煤宏观自由分子结构会发生驰豫或膨胀。Day 开展了瓦斯及其混合气体吸附过程煤体的变形特征研究。宋志敏进行了平衡水分条件下不同类型变形煤体吸附 – 解吸实验。梁冰指出在同一压力水平条件下，煤体吸附瓦斯膨胀变形呈各向异性。祝捷提出瓦斯吸附/解吸产生的膨胀/收缩变形呈各向异性，吸附压力越大，瓦斯解吸时煤的收缩变形越明显。张遵国认为原煤吸附膨胀和解吸收缩变形均呈各向异性，但型煤均近似各向同性。聂百胜等通过研究表明，煤样吸附膨胀应变率和吸附收缩应变率绝对值均随时间逐渐减小，直至达到相对稳定的变形值，应变 – 时间关系均服从 Langmuir 方程，煤样解吸收缩变形值与原始瓦斯压力呈幂函数关系。

在裂隙结构对受载煤体渗流特性影响分析方面：除了孔隙压力、有效应力和不同加卸载等外界因素对载荷煤体渗流特性造成影响外，成煤过程中煤层本身层理裂隙结构是影响渗透特性的内在因素。国外学者 Koenig 等针对美国 Warrior 盆地岩溪煤层不同层理构造差异对渗透率的影响进行了研究，得出层理构造对气体渗流特性的影响非常明显。Gash 等在围压为 6.9 MPa 实验条件下，得出平行、垂直层理面时最大的渗透率分别为 1.7 mD 和 0.007 mD。Wang 等在开展不同构造类型煤的渗流实验基础上，得出断裂构造对煤体渗流特性和裂隙演化有重要的影响，不同的断裂构造煤体的渗透率差别明显。Li 等在静水压力为 25 MPa 的实验条件下，对层理方向不同煤样的 CO_2 渗流能力进行研究，在相同实验条件下得出气体渗流方向平行于层理的煤样渗透率最大。黄学满考虑了研究了不同层理方向和煤体自身结构差异对瓦斯渗流特性的影响。

在真三轴条件下岩石渗流特性的研究方面：Nasseri M H B 利用真三轴实验装置对砂岩的渗透性和声学特性进行了研究。Kaunda R 在真三轴应力状态下分析了中间主应力对完整岩石强度的影响。杜坤利用岩石真三轴电液伺服诱变试验系统，深入研究真三轴卸荷状态下高应力岩石的力学特性及动载荷诱发岩爆的可能性。邓国华通过真三轴试验对黄土结构性变化规律进行了研究，同时验证了真三轴仪和应力比结构性参数的可靠性。Miao 等在保持 2 个主应力不变卸载另一个主应力的实验条件下，得到了真三轴卸载条件下花岗岩的破坏特征。张坤勇在真三轴条件下对掺砾黏土进行了复杂应力条件下加载试验，得出在不同应力方向上的应力和变形也都呈现显著的应力各向异性。Xie 等在真三轴试验条件下，在硐室开挖的工程背景下，得到了岩体的卸载特性；徐志伟进行了三主应力分别单向加荷的真三轴试验研究，从弹性模量、泊松比等方面，得到了土体各向异性的变形特性。

目前，在真三轴条件下含瓦斯煤渗流特性研究方面：P. Massarotto 利用氦气、氮气、甲烷 3 种气体对我国苏南盆地和澳大利亚 Bowen 盆地的二叠纪煤进行各向异性的渗流实验研究。聂百胜利用煤层瓦斯真三轴测试实验系统对受载煤体的渗流规律进行研究。宫伟力利用三轴渗流测试系统对煤样进行真三轴独立阶梯加载的渗透率试验。尹光志自主研制了真三轴流固耦合试验系统，揭示了真三轴条件下煤体的力学特性与瓦斯在煤层中的渗流规律。李文鑫为了真实模拟三向不等应力环境煤层瓦斯渗流特性，自主研发了真三轴气固耦合煤体渗流试验系统。

综上所述，国内外学者针对不同载荷、有效应力、孔隙压力等外界因素和煤层本身结构等内在因素对煤渗透特性的影响方面做了许多的研究工作，但是这些研究大多是基于单轴或者伪三轴假设；针对煤岩损伤和裂隙演化方面做了许多工作，但在煤岩损伤和裂隙演化对瓦斯渗流特性影响方面研究的较少；针对真三轴条件下岩石渗流规律方面做了许多的研究，但煤不同于岩石等介质，煤具有较强的吸附膨胀和基质收缩等特征，因此，开展真三轴条件载荷煤体渗流特性的研究十分必要。

1.3 研究进展中存在的问题

目前，国内外学者对载荷煤体渗流特性、瓦斯渗流与煤岩损伤流固耦合、采动煤体渗透率演化规律等方面做了许多研究工作，但是在以下研究问题上还亟待解决：

（1）受载煤体的渗流试验通常采用单轴或伪三轴方式进行，这与现场实际不符，大多数情况下，煤体的破坏、变形和煤层中的瓦斯渗流均是在三向不等压（即最大主应力 $\sigma_1 >$ 中间主应力 $\sigma_2 >$ 最小主应力 σ_3）条件下进行的。

（2）针对真三轴条件下不同层理构造（垂直、平行和斜交层理）对渗透率动态变化影响的研究鲜见相关报道，尤其是不同载荷过程的应力变化对受载煤体裂隙贯通变形机制和渗透率演化规律的影响也尚未清楚。

（3）目前，许多经典的渗透率模型只是基于煤体在有效应力和孔隙压力作用下弹性变形假设而提出的，针对载荷过程综合考虑 Klinkenberg 效应、瓦斯压力压缩变形、吸附膨胀和有效应力等因素影响的渗透率动态演化模型需要进一步深入的研究。

1.4 研究内容

1）煤体微观结构形态及受力特性分析

采用扫描电子显微镜和透射电子显微镜对煤样受载前后的裂隙分布特征、微观结构形态和受力特性进行研究，从细观微观角度考察煤样受载前后裂隙发育特征和微观结构形态的差异，依据 Drucker – Prager 强度准则，分析不同层理载荷煤体受力特性和变形破坏差异。

2）真三轴受载煤体渗透率演化规律的实验研究

采集具有明显层理构造的新鲜煤块，沿着垂直、平行和斜交层理方向制作标准的立方体原煤试样，并对实验煤样的物性参数和力学参数进行测试。在建立实验所需的力学路径和控制方式的基础上，开展真三轴条件下不同层理受载煤体的渗流特性实验，考察不同层理构造及不同载荷过程的应力变化对煤体裂隙贯通变形机制和渗透率演化规律的影响。

3）真三轴煤岩损伤与渗流耦合模型及渗透率动态演化模型的构建研究

从孔隙率的定义出发，建立载荷煤体变形过程考虑瓦斯吸附膨胀、瓦斯压力压缩变形和有效应力影响的孔隙率动态演化模型，结合 Kozeny – Carman 方程，构建真三轴载荷煤体渗透率的动态演化模型；在考虑 Terzaghi 有效应力原理的基础上，建立有效应力与渗透率之间的联系；以本构方程、应力平衡微分方程和几何方程为基础，建立煤岩损伤应力场控制方程；以连续性方程、气体状态方程和煤体瓦斯含量方程为基础，建立煤体瓦斯渗流场控制方程，通过联立应力场和渗流场控制方程，实现应力场、变形场、渗流场等多物理场耦合，最终建立真三轴含瓦斯煤岩损伤与渗流耦合模型。

4）煤岩损伤与渗透特性的数值模拟研究

利用岩石破裂分析软件 RFPA^{2D} – Flow，考察不同层理煤样的裂隙发育、起裂、扩展与贯通规律和瓦斯渗流特性，并与实验结果进行对比，进一步分析不同层理构造及不同载荷过程的应力变化对煤体裂隙贯通变形机制和渗透率演化特征的影响。

通过 Comsol 模拟软件，引入研究内容 3）建立的真三轴含瓦斯煤岩损伤与渗流耦合模型及渗透率动态演化模型，针对工作面开采工艺和覆岩运动规律及特点，开展本煤层顺层钻孔瓦斯抽采的模拟研究，验证建立的真三轴受载煤岩损伤与渗流耦合模型及渗透率动态演化模型的可靠性。

5）现场应用

对试验矿井进行现场应用，重点考察本煤层顺层钻孔瓦斯抽采过程中采动煤体应力和瓦斯压力等参数的变化规律及优化后的抽采效果，进一步验证数值模拟和实验研究结果的可靠性。

1.5　技术路线

本书采用理论分析、实验研究、数值模拟和现场应用相结合的研究方法，具体研究技术路线如图 1–5 所示。

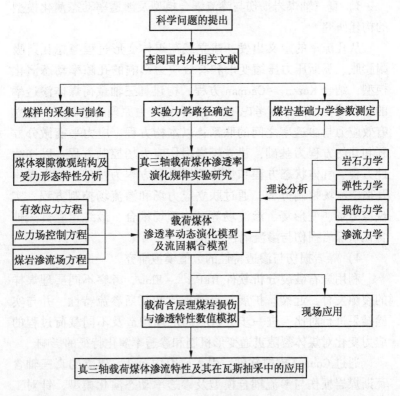

图 1–5　技术路线图

（1）首先进行现场煤样的采集与制备，利用扫描电镜和透射电镜等设备对实验煤样的裂隙特征、微观结构和受力形态特性进行分析，并进行煤岩基础力学参数测定，为后续研究工作提供依据。

（2）结合井下开采过程煤体受力特点，选择与现场相对应的实验力学路径，在真三轴流固耦合渗流装置的实验平台上，进行真三轴载荷煤体渗透率演化规律实验研究。

（3）基于岩石力学、弹性力学、损伤力学、渗流力学等相关理论，根据渗流特性实验结果和裂隙演化特征，进一步分析不同层理构造和载荷条件下渗透率演化差异原因。从孔隙率和渗透率的定义出发，结合 Kozeny - Carman 方程建立考虑瓦斯吸附膨胀、瓦斯压力压缩变形和有效应力影响的真三轴渗透率动态演化模型；引入 Terzaghi 有效应力原理，建立真三轴受载煤岩损伤与瓦斯渗流耦合模型。

（4）根据实验设定的力学路径，采用岩石破裂分析软件 RFPA^{2D} – Flow，对不同层理构造和载荷条件下煤体的裂隙演化进行模拟研究。利用 Comsol 模拟软件，对建立的三维模型开展本煤层顺层钻孔瓦斯抽采模拟研究，得到抽采后煤层的应力分布状态、瓦斯压力分布状态。

（5）对试验矿井进行现场应用，重点考察瓦斯抽采过程中采动煤体应力和瓦斯压力等参数的变化规律及优化后的抽采效果，进一步验证数值模拟和实验研究结果的可靠性。

（6）综合上述理论分析、实验研究、数值模拟和现场验证的结果，揭示真三轴条件下不同层理受载煤体的渗流特性，为优化瓦斯抽采布置参数和提高瓦斯抽采率提供理论指导。

2 煤体微观结构形态与不同层理 受载煤体力学特性分析

煤体具有明显的非均质性，其内部存在大量的孔隙、裂隙和层理等，为了深入研究载荷条件下煤体中瓦斯的渗流特性，首先进行煤样的孔隙特征及微观结构分析，进一步考察受载前后煤样微观结构的变化；其次对煤体进行基本物性参数测定，并对不同层理煤体进行力学特性分析。

2.1 煤体孔隙类型及特征

2.1.1 概述

煤是比较复杂的多孔介质，煤层既是气源层也是储集层，这与常规的天然气储层有所不同。同时，煤也是一种具有孔隙介质系统、煤基质中的微孔系统和裂隙系统组成的孔隙－裂隙双重介质。煤中微孔结构及孔隙裂隙特征对煤体的吸附能力、储集能力和渗透特性有重要影响，因此研究煤体的孔隙特征和孔隙率变化规律至关重要。目前，国内外学者借助扫描电镜、压汞仪等技术手段对煤体孔隙的成因、大小、比表面积和孔隙特征进行了深入研究，并对煤体孔隙类型及其成因进行了分类，具体煤体孔隙分类见表 2－1。

表 2－1 煤体孔隙分类及其成因

类 型	亚 类	成 因
原生孔隙	胞腔孔隙	植物遗体本身的细胞结构孔
	屑间孔隙	存在于碎屑状态颗粒之间
变质孔隙	链间孔隙	存在于凝胶化物质形成的链之间
	气孔隙	由聚气、生气作用形成

表 2 - 1（续）

类 型	亚 类	成 因
外生孔隙	角砾孔隙 碎粒孔隙 摩擦孔隙	角砾之间由于应力破坏形成 碎粒之间由于应力破坏形成 由于面与面摩擦形成
矿物质孔隙	铸模孔隙 溶蚀孔隙 晶间孔隙	由于硬度差异形成的印坑 由于溶蚀作用形成 存在于矿物晶粒之间

煤体中孔隙类型有较大差别，没有一种孔隙在整个煤层中都连通，而煤层中的渗流系统主要包括各类这样的孔隙和裂隙。煤体中有原生孔、变质孔、外生孔和矿物质孔四大类，其中变质孔多则煤层生气储气性比较好，碎粒孔多则渗透率比较差，角砾孔多则渗透率比较好，而原生孔保存的状态比较好，煤层受挤压严重意味着摩擦孔会比较发育，煤层的透水性好表明煤体中溶蚀孔和次生矿物晶间孔比较多。研究瓦斯在煤层中运移机理首先需要划分孔隙成因和类型，而煤体孔隙类型和发育特征与孔隙分布、煤层生气储气性能及渗透率等息息相关。

2.1.2 煤体孔径结构划分

煤体中植物组织结构、原始结构和成煤作用决定了形态各异的孔隙结构，一直以来，煤的孔径结构划分是煤体孔隙研究的重点，在孔径与气体分子间的作用、煤体孔隙的赋存特征等方面是国内外学者研究的热点。霍多特按照孔径大小可以划分为：微孔、小孔、中孔和大孔。Dubinin 将煤的孔隙按照孔径大小划分为：微孔、小孔和大孔。抚顺煤研所将煤的孔隙按照孔径大小划分为：微孔、过渡孔和大孔。IUPAC、Gan、吴俊、杨思敬、秦勇和琚宜文将煤的孔隙按照孔径大小划分为：微孔、过渡孔、中孔和大孔，但在划分标准上有一定差别，具体煤体孔隙孔径结构划分表见表 2 - 2。

表 2-2 煤体孔径结构划分　　　　　nm

学者或机构	大孔	中孔	小孔	微孔
1961 年霍多特	>1000	100~1000	10~100	<10
1966 年 Dubinin	>20	—	2~20	>2
1966 年 IUPAC	>1000	50~100	2~50	<2
1972 年 Gan	>1000	30~100	1.2~30	<1.2
1985 年抚顺煤研所	>1000	—	80~1000	<80
1991 年吴俊	5000~75000	500~5000	50~500	<50
1991 年杨思敬	>10000	500~10000	100~500	<100
1995 年秦勇	>4000	500~4000	150~500	<150
2005 年琚宜文	5000~20000	100~5000	15~100	<15

2.1.3 煤体孔隙表征方法

　　煤体的孔隙裂隙分布比较复杂，其孔径结构也非常复杂，从最小的微米到中孔或者大孔有比较宽的孔径范围。目前，国内外学者通常采用扫描电子显微电镜、压汞仪和液氮吸附法来分析表征煤体的孔隙结构特征。衡量煤体孔隙结构特征的参数主要有孔容、比表面积、孔隙率和中值孔径等。

　　孔容是单位质量煤样中孔隙的容积，比表面积是单位质量煤样中孔隙内表面积，孔隙率是单位质量煤样中孔隙的体积除

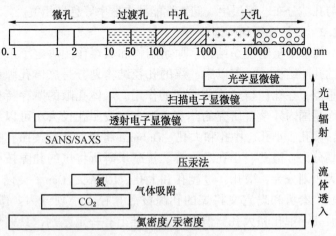

图 2-1 表征孔隙的各种方法

以煤体总体积，中值孔径是一半的孔容或比表面积对应的平均孔隙孔径的大小。针对比表面积、孔容、孔隙率和中值孔径等参数的测定大多采用光学显微镜、扫描电镜、压汞仪和液氮吸附法，但各个测试方法都有一定的限制范围，具体不同测试方法可以测试煤体孔径的范围如图 2 - 1 所示。

2.2　煤体裂隙特征及分类

煤体是受结构面切割呈现为多裂隙体，面割理、端割理和层理面构成了煤体的裂隙系统，煤体内的裂隙结构影响着煤层气体的渗流特性。煤体中的裂隙系统分布如图 2 - 2 所示。

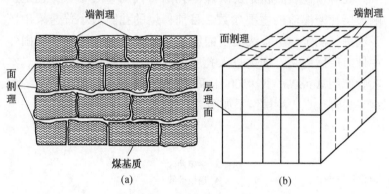

图 2 - 2　煤体的裂隙系统

层理面/端割理普遍存在于煤层的裂隙系统中，其具有显著的成型成组分布规律。其中，层理是煤层中由于物质成分、形状和大小在垂直方向上变化而形成的纹理，层理面是诸多结构面中分布最广、最普遍的一种，但层理面一般不能直接使煤体破裂，而是在煤层中沿着层理方向形成弱结构裂隙面。当含层理煤体受到载荷作用后，在加载初期并不能发生破坏，随着应力载荷的不断增加才会使煤体内部层理面附近出现微裂隙，出现的新裂隙不断发育、演化、扩展和贯通，当含层理煤体的应力加载到极限强度时，煤体才会出现宏观破坏现象。综上所述，层理裂隙面的存在对煤体变形有着重要影响。

割理是煤在形成过程中，由于温度升高、脱水和体积收缩等产生内张力而形成的一种天然存在的裂隙，煤层中割理基本上呈相互垂直的两组出现，且割理与煤层层理面垂直或相交。割理主要有面割理和端割理两种，其中面割理是延伸较远且连续性较强的一组裂隙，而端割理是面割理和面割理之间存在不连续分布的一组裂隙。

2.3 煤体的孔隙分布及基本物性参数

2.3.1 煤体的孔隙分布

孔容、比表面积是反映煤体孔隙特性的重要参数，也是影响煤层瓦斯渗流的主要参数。目前，煤的孔隙大小普遍采用压汞法进行测定，压汞法测定的原理是汞在压力作用下进入固体中外力所做的功，即为进入孔中的孔体积增量所需的能量。本实验使用 AutoPore Ⅳ 9500 压汞仪，该压汞仪具有更高精度的数据采集等优点，测试结果如图 2 – 3 和图 2 – 4 所示。

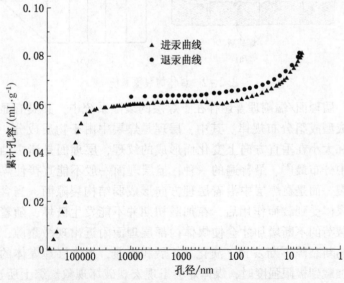

图 2 – 3　累计孔容随孔径变化的实验曲线

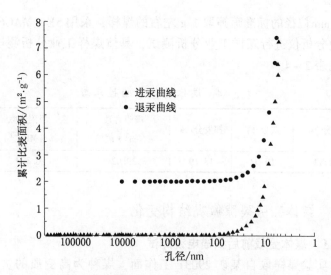

图 2-4 累计比表面积随孔径变化的实验曲线

分析图 2-3、图 2-4 和表 2-3 可以看出，煤体微孔（<10 nm）的比表面积占总比表面积的 71.9%，煤体小孔（10～100 nm）的比表面积占总比表面积的 27.8%，煤体中孔（100～1000 nm）的比表面积占总比表面积的 0.276%，煤体大孔（>1000 nm）的比表面积占总比表面积的 0.046%，煤体中孔和大孔占总比表面积的比例微乎其微。实验结果表明，煤体的孔隙主要以微孔和小孔为主，中孔和大孔相对较少。

表 2-3　煤体孔隙分布

孔隙分类	微孔	小孔	中孔	大孔	总进汞量/	退汞余量/	孔隙率/
	<10 nm	$10\sim$ 100 nm	$100\sim$ 1000 nm	>1000 nm	$(\text{mL}\cdot\text{g}^{-1})$	$(\text{mL}\cdot\text{g}^{-1})$	%
比表面积/ $(\text{m}^2\cdot\text{g}^{-1})$	4.69	1.81	0.018	0.003	0.0811	0.063	9.18

2.3.2　煤体的基本物性参数

依据煤样工业分析测定标准，首先将实验煤样破碎后用

0.2 mm粒径的标准筛筛取1 g左右的煤样，采用5E – MAG6600工业分析仪进行煤样工业分析测试，具体煤样工业分析测试结果见表2 – 4。

表2 – 4　煤体的基本物性参数

水分/%	灰分/%	挥发分/%	吸附常数 $a/(m^3 \cdot t^{-1})$	吸附常数 $b/(MPa^{-1})$
0.83	10.02	18.19	39.02	0.329

2.4　煤体孔隙裂隙微观结构变化

2.4.1　煤体受载前后扫描电镜测试

实验煤样取自某矿29031工作面，煤种为高变质的贫煤。采用CamScan MX2600型热场发射扫描电镜分别对煤样受载前后进行微米级的测试，需要注意受载后的样品为真三轴受载煤体渗流试验破坏后的煤样，为避免煤样扫描结果的离散性，尽量选用外观完整的尺寸0.5 cm³左右的立方体煤样，并选择比较平整的断面作为观测面进行观测。CamScan MX2600型热场发射扫描电镜如图2 – 5所示，具体扫描电镜测试结果如图2 – 6所示。

图2 – 5　CamScan MX2600型热场发射扫描电镜

分析图 2-6 可以看出，受载前煤体结构致密，表面比较平整，存在诸多大小不等的窝状空洞，形状不规则，但受载前煤体无明显的裂隙，这不利于煤体中瓦斯的渗流。煤体受载后其致密结构遭到破坏，有大量裂隙生成，原始的孔洞也进一步连通，明显观察到大量剪切裂隙，这大大增加了煤体的渗透性。

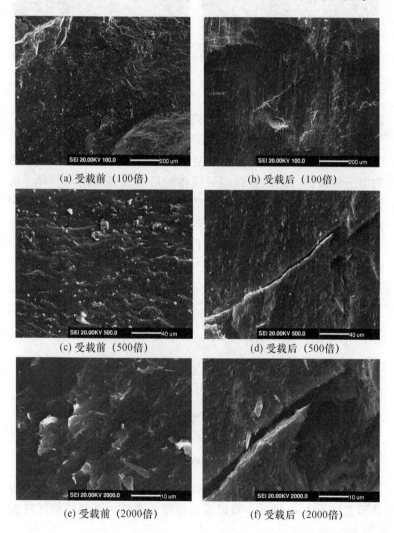

(a) 受载前（100倍）　　　　　　(b) 受载后（100倍）

(c) 受载前（500倍）　　　　　　(d) 受载后（500倍）

(e) 受载前（2000倍）　　　　　　(f) 受载后（2000倍）

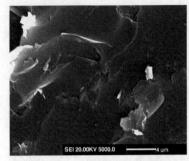
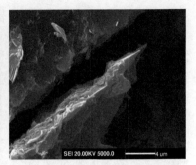

(g) 受载前（5000倍）　　　　　(h) 受载后（5000倍）

图2-6　煤体受载前后扫描电镜测试结果图

2.4.2　煤体受载前后透射电镜测试

为了掌握煤体受载前后内部微观结构的变化以及裂纹的贯通和扩展特性，采用日本生产型号为 JEM-2100 的高分辨率透射电子显微镜，测试受载前后煤体的形态及微观结构差异，从微观角度进一步分析内部微观结构对渗流特性的影响，需要注意受载后的样品为真三轴载荷煤体渗流试验破坏后的煤样。

高分辨率透射电子显微镜（JEM-2100）放大倍数为2万~80万倍，具体设备实物图如图2-7所示。

图2-7　JEM-2100型透射电子显微镜

高分辨率透射电子显微镜测试煤体受载前的内部微观结构及形态如图2-8所示，可以看出煤体受载前的微观结构比较表

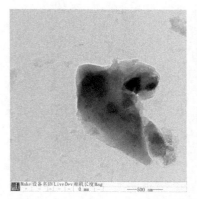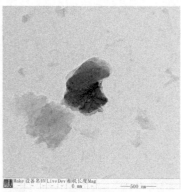

(a) 500 nm

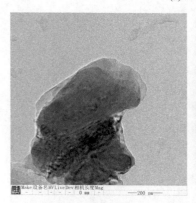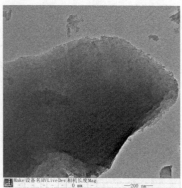

(b) 200 nm

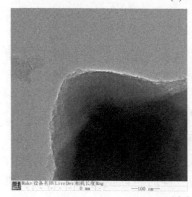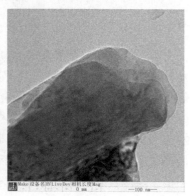

(c) 100 nm

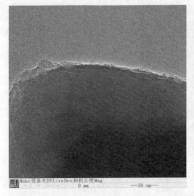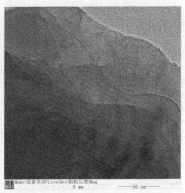

(d) 50 nm

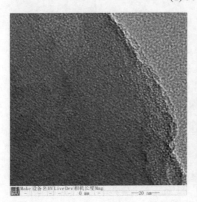

(e) 20 nm

图 2-8 煤体受载前微观结构形态

面光滑，没有明显的孔隙和裂隙存在，形态比较规整，煤体颗粒外部边缘端面也比较完整，分析受载前原始煤体可知，原始煤体中的微观结构不利于煤体中气体的流通。

　　煤体受载后的内部微观结构特征如图 2-9 所示。分析图 2-9 可知，煤体受到载荷破坏后，出现了明显的孔隙和裂隙，局部区域出现塌陷并形成破碎区，煤颗粒外部边缘不规则凹凸不平，煤体表面出现弱化煤粉区，同时可以清晰看见气体流动痕迹。

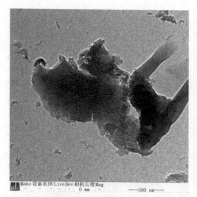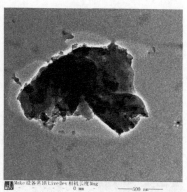

(a) 500 nm

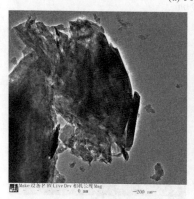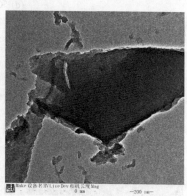

(b) 200 nm

(c) 100 nm

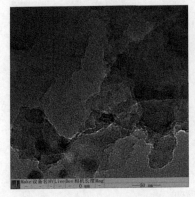

(d) 50 nm

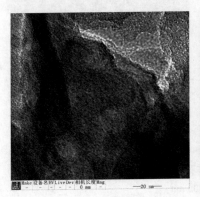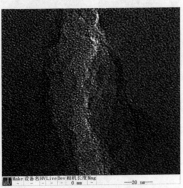

(e) 20 nm

图 2-9　煤体受载后微观结构形态

　　图 2-9d、图 2-9e 中 50 nm、20 nm 级别微观结构发现煤体一条主裂隙，主裂隙周围出现大量次裂隙，主裂隙和次裂隙均沿着同一方向发展，这些裂隙在交汇处比较发育，具有明显的分形特性，裂隙顶端具有发散特性，这些裂隙是孔隙、微裂隙萌生、发育和演化的起点，也是瓦斯渗流扩散的通道。通过高分辨率投射电镜对煤体受载前后的内部微观结构分析可知，煤体受到载荷破坏后的孔隙、裂隙纹数明显增多，这有利于裂

纹的发育、扩展和贯通，最终使煤体的渗透率明显增大。

2.5 不同层理受载煤体力学特性

由于我国成煤过程的不均匀性、煤体孔隙裂隙发育、煤体本身层理构造和煤体卸压程度的不同，很大程度上影响着煤体力学变形特征，导致不同层理方向上煤体裂隙演化扩展特征和渗流特性有明显差别。

目前，就不同层理构造对煤体渗透性及裂隙演化影响方面，国外 Koenig 等针对美国 Warrior 盆地岩溪煤层不同层理构造差异对渗透率的影响进行了研究，结果表明层理的存在极大地影响气体的渗透特性。Shugang Wang 等选取了不同构造类型的煤进行了渗透试验，得出不同断裂构造对煤体渗透及变形的演化有着重要作用，不同的断裂构造其渗透差异达到几个数量级。Jishan Liu、Huoyin Li 等开展了不同含层理煤体的渗流试验，得到层理、节理构造对煤体渗流特性和裂隙演化有重要影响。国内潘荣锟等对含层理原煤试件进行了渗透实验研究。于永江等从层理角度研究了冲击对煤的强度影响。黄学满等在考虑煤体结构异性对瓦斯渗流特性影响的基础上，得出层理构造对煤体渗流的影响比较明显。陈金刚、秦勇等在建立煤层气抽采效果预测模型的基础上，针对煤层割理方向与抽采效果之间的关系进行了现场验证。毕建军、苏现波等通过实验研究，进一步分析了割理与煤级的关系。

近年来，声发射监测技术逐渐成为煤矿动力灾害预测的重要技术手段之一，在煤体变形破裂过程声发射特征的研究方面，国外 Majewska 等研究了煤样吸附解吸过程的声发射特征。Vinnikov等研究了不同温度下煤样破裂过程的声发射特性。Shkuratnik等在单轴和三轴压缩下对煤样的声发射特性进行了研究。国内许江、高保彬、沈荣喜等对不同含水率煤样受载过程中的声发射特性进行了研究，得出声发射事件计数和累计计数与含水率成反比关系。苏承东、左建平、曹树刚、李宏艳等对不同尺度煤样、砂岩、不同煤岩组合体和不同冲击倾向煤体进行单轴压缩下的声发射试验研究。肖福坤、罗浩、何俊等进行了不同围压和孔隙压力下常规三轴及循环载荷的声发射试验研究。张泽天对原煤试件进行了单轴直接拉伸和声发射试验研究。赵洪宝对型煤试件进行了单轴压缩和循环加载的声发射试验研究。

目前，国内外学者在层理构造对煤体渗透特性的影响和煤体变形破裂过程中的声发射特征方面取得了一些成果，但对于不同层理受载煤体力学特性及声发射特征研究方面鲜有相关报道。因此，为了进一步探讨不同层理受载煤体的力学特性差异及不同层理构造煤体与声发射特征的关系，笔者开展了不同层理（垂直、平行、斜交层理）条件下的受载煤体力学特性及声发射试验研究。

2.5.1 试验设备及方案

1. 试验设备

本试验设备由吉林金力科技公司 TAW－2000 kN 电液伺服岩石压力机和美国物理声学公司 SH－Ⅱ 声发射系统组成，载荷装置精度为 0.001 kN，位移引伸计精度为 0.001 mm，应力加载速度为 0.08 kN/s，应力加载过程由计算机自动控制，并实时采集数据绘制曲线；声发射监测系统采用 4 个 Nano30 传感器，该监测系统为 16 通道，采样频率为 1 MHz，谐振频率为 125～750 kHz，门槛值为 40 db，前置放大器增益为 40 db，为了保证声发射和煤样的耦合效果，尽量减少压力机压头和煤样初始加载摩擦信号的产生，可以在煤样上下端面和传感器陶瓷端部涂抹凡士林并用橡皮筋将 Nano30 传感器固定指定位置，具体试验设备系统如图 2－10 所示。

2. 煤样制备及声发射空间定位

试验所用煤样取自某矿 29031 工作面，将采集有明显层理构造的新鲜煤块用保鲜膜包裹运回实验室，利用切割机沿着垂直、平行和斜交层理的方向，将大块原煤加工成长度×宽度×高度＝50 mm×50 mm×100 mm 的立方体标准煤样，并用磨平机

(a) 煤样及传感器安装示意图

(b) 压力机控制系统

(c) SH-Ⅱ 声发射系统

图 2-10　试验测试系统

将煤样端面打磨，精度满足《煤岩和岩石物理力学性质测定方法》要求。

3. 试验步骤

为了减小试验数据的离散性，选取宏观无裂隙、质量相近和 CT 扫描特征均匀的 3 个煤样进行试验，具体试验步骤如下。

（1）煤样安装：首先将垂直层理煤样置于压力机上下压头中部，使用凡士林将 4 个声发射 Nano30 传感器探头紧贴煤样表面，用橡皮筋将探头固定在煤样的指定位置，同时拧紧调节位移引伸计的螺母，使位移引伸计紧贴在煤样表面，具体传感器探头空间位置如图 2 – 11b 所示。

 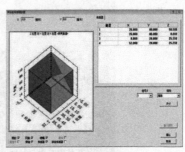

(a) 试验煤样　　　　　　　　　(b) 声发射空间定位

图 2 – 11　试验煤样及传感器探头声发射空间定位

（2）准备试验：先加载较小的轴向应力，使轴向压头与煤样端面完全接触，同时开启声发射采集系统并设置采样频率、门槛值等基本参数，并对传感器探头进行测试调整，当 2 min 内无明显背景事件发生时，准备就绪可以试验。

（3）开始试验：先启动压力机，选择应力加载方式，调节加载速率，同时启动载荷、声发射采集系统，开始加载，试验结束后先停止声发射信号采集，再停止压力机。

（4）试验完毕：试验结束后，详细记录煤样破坏形态及试验过程的信息，并保存试验数据，同样的试验步骤依次进行平行层理、斜交层理煤样的试验。

2.5.2　试验结果分析

1. 不同层理受载煤体力学特性分析

分别开展垂直、平行和斜交层理煤体的单轴压缩试验，可得不同层理煤样基本参数测试结果见表 2－5，不同层理煤样在单轴压缩下的应力－应变曲线如图 2－12 所示。

表 2－5　煤样基本参数测试结果表

试样类型	煤样尺寸/ （mm×mm×mm）	质量/ g	抗压强度/ MPa	弹性模量/ GPa	泊松比
垂直层理	50.8×50.6×101.5	378.93	14.96	2.23	0.17
平行层理	50.5×50.9×101.2	370.82	12.45	2.11	0.20
斜交层理	50.5×51.2×102.1	382.08	9.78	1.73	0.24

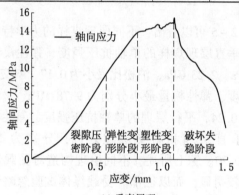

(a) 垂直层理

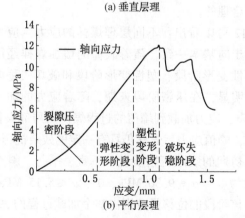

(b) 平行层理

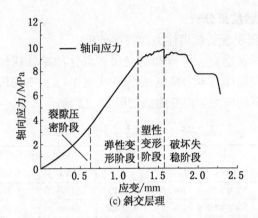

图 2 – 12　不同层理煤样的应力 – 应变曲线

　　分析表 2 – 5 可以看出，不同层理煤样的力学特性有明显的差异，其中垂直层理煤样的单轴抗压强度、弹性模量最大分别为 14.96 MPa、2.23 GPa，泊松比最小为 0.17，斜交层理煤样的单轴抗压强度、弹性模量最小分别为 9.78 MPa、1.73 GPa，泊松比最大为 0.24，平行层理的单轴抗压强度、弹性模量和泊松比均介于垂直层理和斜交层理之间，分别为 12.45 MPa、2.11 GPa、0.20。综上所述，不同层理构造对受载煤体力学特性的影响比较明显，而以往部分受载煤体试验忽略煤样层理构造差异是不合理的。

　　图 2 – 12 可以看出：不同层理煤样的应力 – 应变曲线规律基本相同，走向基本一致，随着载荷的增加煤样经历了裂隙压密阶段、弹性变形阶段、塑性变形阶段和破坏失稳阶段，且各阶段性比较明显，在压密阶段末期，随着应力的加载有清晰的"噼啪"响声，应力加载到峰值的过程煤样由局部失稳逐渐过渡到整体失稳，峰值应力后煤样仍具有一定的残余抗压强度。

　　在加载初期的裂隙压密阶段，垂直、平行、斜交层理的应力范围分别为 $0 < \sigma \leqslant 9.30$ MPa、$0 < \sigma \leqslant 5.15$ MPa、$0 < \sigma \leqslant 3.48$ MPa，该阶段的位移量分别占整个加载过程的 39%、32%、

26%；随着应力进入弹性变形阶段，垂直、平行、斜交层理的应力范围分别为 $9.30 < \sigma \leqslant 13.92$ MPa、$5.15 < \sigma \leqslant 9.58$ MPa、$3.48 < \sigma \leqslant 8.83$ MPa，该阶段的位移量分别占整个加载过程的 16%、21%、25%；应力继续加载进入塑性变形阶段，垂直、平行、斜交层理的应力范围分别为 $13.92 < \sigma \leqslant 14.96$ MPa、$9.58 < \sigma \leqslant 12.45$ MPa、$8.83 < \sigma \leqslant 9.78$ MPa，该阶段的位移量分别占整个加载过程的 19%、14%、13%；煤样破坏失稳阶段，垂直、平行、斜交层理的应力范围分别为 $14.96 > \sigma \geqslant 3.51$ MPa、$12.45 > \sigma \geqslant 5.85$ MPa、$9.78 > \sigma \geqslant 6.03$ MPa，该阶段的位移量分别占整个加载过程的 26%、31%、35%。对比分析可知，斜交层理的总位移量>平行层理>垂直层理，在裂隙压密和塑性变形阶段垂直层理煤样占整个加载过程位移量的比重较大为 39%、19%，斜交层理煤样的比重较小分别为 26%、13%，但在弹性变形和破坏失稳阶段正好相反，垂直层理煤样占整个加载过程位移量的比重较小分别为 16%、26%，斜交层理煤样的比重较大分别为 25%、35%，平行层理煤样在整个变形各个阶段的比重均居于垂直层理和斜交层理之间。综上所述，不同层理煤样受载过程的应力 - 应变曲线差别较大，尤其是不同层理煤样经历裂隙压密阶段、弹性变形阶段、塑性变形阶段和破坏失稳阶段的时间和各个阶段占整个加载过程位移量的比重差别比较明显，这进一步验证了在进行受载煤样力学特性试验研究时，应当考虑层理构造对试验结果的影响。

2. 不同层理受载煤体声发射试验分析

进行垂直、平行和斜交层理煤样的单轴压缩试验时，与电液伺服岩石压力机同步进行煤样的声发射试验研究，图 2 - 13 至图 2 - 15 分别为不同层理煤样应力 - 时间 - 声发射参数关系曲线。

图 2 - 13 可以看出：垂直层理煤样加载过程的受载时间为 495 s，在加载初期，微裂隙、裂纹压密阶段，新生的微裂纹和裂隙非常少，产生的声发射信息也较少，这些少量的声发射信

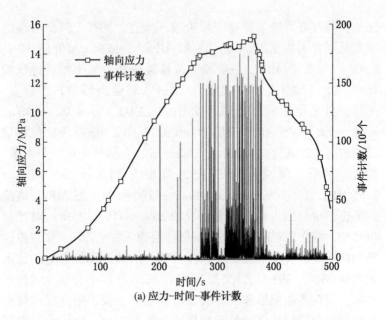

(a) 应力-时间-事件计数

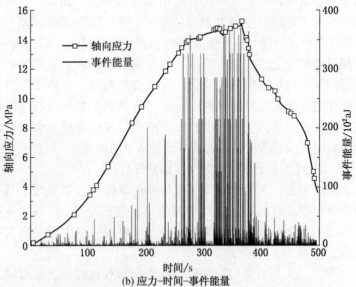

(b) 应力-时间-事件能量

图 2-13　垂直层理煤样应力-时间-声发射参数关系曲线

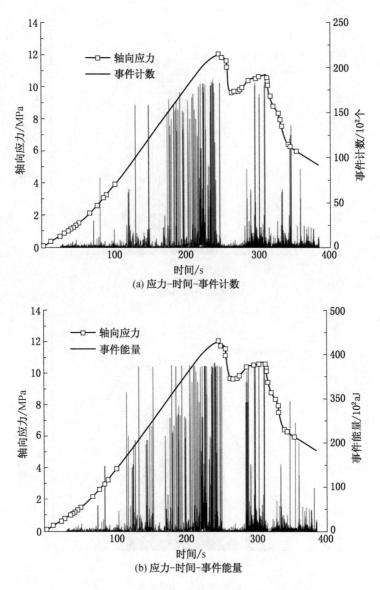

图 2-14　平行层理煤样应力 – 时间 – 声发射参数关系曲线

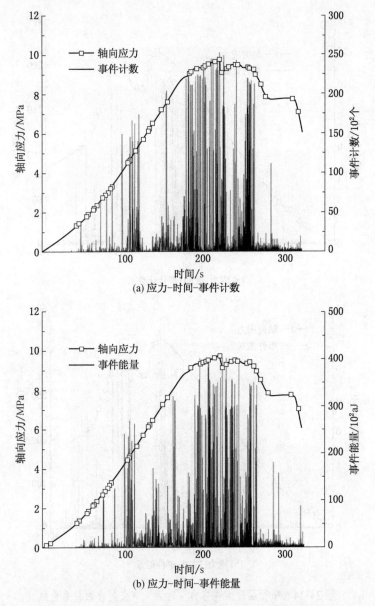

(a) 应力-时间-事件计数

(b) 应力-时间-事件能量

图 2-15 斜交层理煤样应力-时间-声发射参数关系曲线

号是煤样裂隙、裂纹压密导致微小结构失稳而产生的，此阶段声发射事件计数和事件能量均呈低水平发展，此阶段声发射信号属于平静期；随着应力的线性发展进入弹性变形阶段，此时的载荷仍不足以形成大的裂隙、裂纹，但相对压密阶段声发射信号明显增加，尤其是弹性变形阶段后期200 s时有明显的声发射信号突变，裂纹、裂隙闭合发生滑移产生能量和声发射信号不断持续积累，煤样内部微小结构开始逐渐损伤，此阶段声发射事件计数和事件能量呈平缓上升趋势，此阶段声发射信号属于过渡期。

进入塑性变形阶段后，煤样内外部裂隙快速发展，此时能听见清晰的"噼啪"响声，声发射信号进入活跃期，声发射事件计数和事件能量都迅速大幅增加，原始结构裂隙逐渐贯通并有大量的损伤裂隙产生；当载荷加载到峰值应力时，煤样进入破坏失稳阶段，此时煤样内、外部裂隙已经贯通，产生大量的破裂面，声发射信号逐渐减小，偶尔有零星的声发射信号突增，煤样由局部结构失稳发展为整体结构失稳，此阶段声发射事件计数和事件能量进入衰减期，垂直层理煤样声发射突变点为峰值应力的60%左右，可将该突变点值作为判定垂直层理煤层破坏的前兆信息。

图2-14可以看出：平行层理煤样加载过程的受载时间为382 s，平行层理的声发射演化特征与垂直层理具有一些相同的特点，在加载初期，微裂隙、裂纹压密阶段，平行层理煤样产生的声发射信息较少，但在该阶段出现3次声发射突变点，其中首次突变值的受载时间为70 s，此阶段声发射事件计数和事件能量仍属于平静期；随着应力的线性发展进入弹性变形阶段，平行层理煤样在弹性变形阶段前期130 s左右就有明显的声发射信号突变，这比垂直层理煤样的时间提前了70 s左右。

在塑性变形阶段，声发射事件计数和事件能量迅速增加，有大量的损伤裂隙产生并伴有"噼啪"响声，这一现象持续到塑性变形阶段末期；当轴向应力加载到峰值时，煤样进入局部破坏失稳阶段，声发射事件计数和事件能量迅速降低并消失，持续时间为 30 s 左右，在煤样由局部结构失稳发展为整体结构失稳时，又发生声发射事件计数和事件能量的突增现象，但声发射信号逐渐衰减直至试验结束。平行层理煤样声发射突变点为峰值应力的 41% 左右，可将该突变点值作为判定平行层理煤层破坏的前兆信息。

图 2 – 15 可以看出：斜交层理煤样加载过程的受载时间为 331 s，斜交层理的声发射演化特征与垂直层理、平行层理具有一些相同的特点，在加载初期，裂隙压密阶段，斜交层理煤样产生的声发射信号比垂直层理、平行层理多，在该阶段出现 5 次声发射突变点，其中首次突变值的受载时间为 50 s，此阶段仍属于声发射平静期；随着应力加载到弹性变形阶段，斜交层理煤样在弹性变形阶段 100 s 左右就有明显的声发射信号突变，这比垂直层理、平行层理煤样的时间分别提前了 100 s、70 s 左右，随着声发射信号不断持续积累，煤样内部微小结构开始逐渐损伤，此阶段声发射事件计数和事件能量呈上升趋势，持续时间为 60 s 左右。

在塑性变形阶段，声发射信号进入活跃期，声发射事件计数和事件能量都迅速大幅增加，肉眼可以看到有大量的损伤裂隙产生，此阶段持续时间较短（40 s 左右）；当轴向应力加载到峰值载荷时，煤样进入破坏失稳阶段，此时声发射信号逐渐减小导致声发射事件计数和事件能量进入衰减期，随着煤样进入整体结构失稳阶段，偶尔有零星的声发射信号突增现象，斜交层理煤样声发射突变点为峰值应力的 33% 左右，可将该突变点值作为判定斜交层理煤层破坏的前兆信息。

2.6 本章小结

（1）通过压汞测试可知，实验煤体微孔占总比表面积的 71.9%，煤体小孔占总比表面积的 27.8%，煤体中孔占总比表面积的 0.276%，煤体大孔占总比表面积的 0.046%。煤体中孔和大孔占总比表面积的比例微乎其微，实验煤体的孔隙主要以微孔和小孔为主，中孔和大孔相对较少。通过工业分析测试可知，实验所用煤样水分含量占0.83%，灰分含量占10.02%，挥发分含量占18.19%，极限吸附常数 a 为 39.02 m^3/t，吸附常数 b 为 0.329 MPa^{-1}。

（2）采用扫描电镜对受载前后煤体进行微米级的测试，受载前煤体结构致密，表面比较平整，存在诸多大小不等的窝状空洞，形状不规则，但受载前煤体无明显的裂隙。煤体受载后其致密结构遭到破坏，有大量裂隙生成，原始的孔洞也进一步连通，明显观察到大量剪切裂隙，这会增加煤体的渗透性。

（3）利用高分辨率透射电镜对煤体受载前后的内部微观结构进行测试，煤体受载前煤样的微观结构比较表面光滑，没有明显的孔隙和裂隙存在，形态比较规整，煤体颗粒外部边缘端面也比较完整；煤体受到载荷破坏后，出现了明显的孔隙和裂隙，局部区域出现塌陷并形成破碎区，煤颗粒外部边缘不规则凹凸不平，煤体表面出现弱化煤粉区，同时可以清晰看见气体流动痕迹。通过高分辨率投射电镜对煤体受载前后的内部微观结构分析可知，煤体受到载荷破坏后使孔隙、裂隙纹数明显增多，这有利于裂纹的发育、扩展和贯通，最终使煤体的渗透率明显增大。

（4）垂直层理煤样的单轴抗压强度、弹性模量最大，泊松比最小；斜交层理煤样的单轴抗压强度、弹性模量最小，泊松比最大；平行层理的单轴抗压强度、弹性模量和泊松比均介于垂直层理和斜交层理之间，这表明不同层理构造对受载煤体力学特性的影响比较明显，而以往部分受载煤体试验忽略煤样层理构造差异是不合理的。

（5）斜交层理的总位移量>平行层理的位移量>垂直层理的位移量，不同层理煤样受载过程的应力－应变曲线差别较大，尤其是不同层理煤样经历裂隙压密、弹性变形、塑性变形和破坏失稳阶段的时间以及各个阶段占整个加载过程位移量的比重差别比较明显。垂直、平行和斜交层理煤样加载过程的受载时间分别为 495 s、382 s 和 331 s，垂直、平行和斜交层理煤样在 200 s、130 s 和 100 s 时有明显的声发射信号突变，在加载初期，微裂隙、裂纹压密阶段，平行层理煤样在该阶段出现 3 次声发射突变点，其中首次突变值的受载时间为 70 s，而斜交层理煤样在该阶段出现 5 次声发射突变点，其中首次突变值的受载时间为 50 s，垂直、平行和斜交层理煤样声发射突变点分别为峰值应力的 60%、41% 和 33% 左右。

3　真三轴条件下载荷煤体
渗流特性实验

煤层的瓦斯流动以裂隙渗流为主，而煤中分布广泛的孔隙、裂隙则构成了瓦斯渗流的通道，使得煤层瓦斯具有渗流能力。煤体的渗流特性除了受不同载荷路径、有效应力、孔隙压力等外界因素的影响，还与煤的孔隙、裂隙产状特性和层理构造等内在因素有关。本章制取了某矿不同层理方向的立方体标准原煤煤样，在真三轴流固耦合渗流装置平台上，结合煤体开采过程的受力特点，进行不同加载应力路径下的煤体渗流特性实验，研究不同应力的变化对载荷煤体渗流规律的影响。

3.1　实验装置及实验方法

3.1.1　煤样制取与加工

实验所用煤样取自某矿 29031 工作面，煤种为高变质程度的贫煤，煤层具有较强的层理性。首先将采集有明显层理构造的新鲜大块煤块（要求煤块长宽高不小于 20 cm）用保鲜膜包裹运回实验室进行加工，利用切割机分别沿着垂直、平行和斜交层理的方向，将大块原煤加工成 50 mm×50 mm×100 mm（长×宽×高）的立方体标准煤样，并用磨平机将煤样端面打磨，精度满足《煤岩和岩石物理力学性质测定方法》要求。将制作好的煤样贴上标签，并用保鲜膜包裹存放，其中垂直层理、平行层理和斜交层理煤样中层理方向与瓦斯渗流方向分别呈 90°、0°、60°。具体煤样制作过程如图 3 - 1 所示。

根据实验要求，不同层理方向煤样示意图如图 3 - 2 所示，即垂直层理煤样、平行层理煤样、斜交层理煤样。

(a) SCQ-4A型自动切石机

(b) 有明显层理的煤块

(c) SHM-200型双端面磨平机

(d) 实验原煤样实物图

图 3 - 1　煤样制作过程

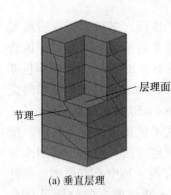
(a) 垂直层理

(b) 平行层理

(c) 斜交层理

图 3 - 2　不同层理方向煤样示意图

3.1.2　实验装置简介

真三轴流固耦合渗流实验设备包括伺服液压加载系统、孔隙压力加载控制系统、煤样夹持器、温度控制系统、实验数据采集系统和真空脱气系统等。实验装备实物图及原理图如图3-3及图3-4所示。

图3-3 实验装置实物图

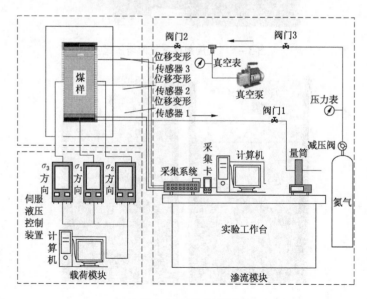

图3-4 实验装置原理图

1. 伺服液压应力加载系统

应力加载系统采用伺服液压方式加载，可以实现加载的连续稳定性、精确可靠性，其主要由 HDH - 250 伺服加载装置和增压罐组成。该伺服装置采用蒸馏水进行加载，具体应力加载流程：首先把伺服加载装置的吸液管放到蒸馏水量筒中，打开伺服加载装置的吸液阀门，设置计算机控制界面的吸液速率直至吸液完成，然后关闭吸液阀门打开排液阀门，排液至增压罐（图 3 - 5），通过增压罐最终完成应力加载。伺服液压加载系统如图 3 - 6 所示。

图 3 - 5　液压加载系统的增压罐

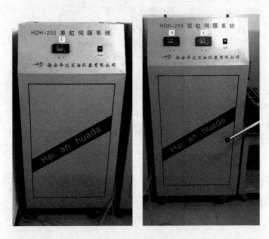

图 3 - 6　HDH - 250 伺服液压加载系统

2. 孔隙压力系统及煤样夹持器

气体瓶、减压阀和专用气体管路等组成孔隙压力系统，实验气体采用99.99%的氮气，进气口气体的压力大小通过减压阀调节，所有气体管路采用耐高压管线，接口处配备耐高压密封组合垫，确保实验时的气密性。

煤样夹持器由高精密的不锈钢制材料制成，其 X、Y、Z 方向两端各有 12 螺丝卡扣进行固定，螺丝卡扣与煤样夹持器腔体密封盖均有弹簧垫，密封盖和腔体内的热缩管之间配备密封胶圈，进一步保证了煤样夹持器的密封性。气体压力系统及煤样夹持器如图 3 –7 所示。

图 3 –7 气体压力系统及煤样夹持器

3. 温度控制系统

实验的温度控制由精密的恒温箱来实现，恒温箱采用电加热的方式进行加热。实验时首先将恒温箱的温度设置到实验温度，待恒温箱的温度达到设定温度时再进行下一步实验操作。恒温箱温度控制误差为 ±0.1 ℃，温度最高可达85 ℃。

4. 真空脱气系统

真空脱气系统主要由真空泵、管路等组成，真空泵的型号为 2XZ –4，抽气速率为 4 L/s，转速为 1400 r/min。开始实验时先打开真空泵对实验系统进行脱气，保证实验系统接近绝对真空，关闭真空泵后保持实验系统2 h内维持负压恒定，即完成真空脱气。

5. 数据采集系统

数据采集系统由计算机、采集卡、出口流量测试装置及相关测试软件组成。具体试验数据采集系统如图3－8、图3－9和图3－10所示。其中，出口流量测试装置包括量筒、固定架、

图3－8　计算机及数据采集系统

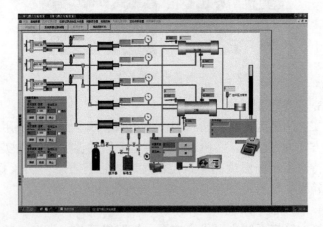

图3－9　试验装置流程控制界面

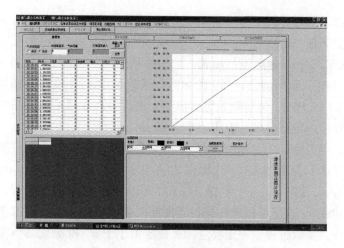

图 3-10　试验装置数据采集界面

软胶管、秒表等，采用气泡法进行测试，根据气泡上升固定距离所需时间输入测试软件自动生成气体流量数据并进行采集，同时计算机测试软件还可以自动采集应力、温度等实验数据，保证了实验数据采集的连续性。

3.1.3　实验方案与步骤

1. 实验方案

井下瓦斯抽采、煤层开挖、钻井等采动行为都会引起应力重新分布并导致局部应力集中，严重影响瓦斯的聚集和渗流。因此，掌握受载煤体所受的应力载荷路径至关重要，但考虑实验设备和实验条件的限制，一般采用简化实验的应力路径来开展研究工作。本实验考虑载荷煤体的三向应力受到煤层赋存情况、煤层倾角等地质条件，以及构造运动等力学扰动的影响而有明显差别，所处的应力条件一般为三向不等压状态。本试验以 X 方向为最大主应力 σ_1，Y 方向为中间主应力 σ_2，Z 方向为最小主应力 σ_3 进行真三轴条件下不同层理构造的渗流特性实验研究。具体实验的应力路径如下。

应力路径 1：气源为氮气，气体压力 1.0 MPa。由于未受采动影响的煤体处于静水压力条件，因此首先按照三向等压状态逐步施加三轴应力 $\sigma_1 = \sigma_2 = \sigma_3 = 2$ MPa；保持 σ_2、σ_3 不变，以 0.1 MPa/step 速度进行加载，阶梯加载 σ_1 到 16 MPa；保持 σ_1、σ_3 不变，阶梯加载 σ_2 到 16 MPa；保持 σ_1、σ_2 不变，阶梯加载 σ_3 到 16 MPa；每当加载整数值时，进行一次渗流实验，在实验过程中一定要遵循孔隙压力小于 σ_2 和 σ_3。

应力路径 2：气源为氮气，气体压力 1.0 MPa。首先按照三向等压状态逐步施加三轴应力直至预定应力 $\sigma_1 = \sigma_2 = \sigma_3 = 2$ MPa；保持 σ_2、σ_3 不变，以 0.1 MPa/step 速度进行加载，阶梯加载 σ_1 直至煤样破坏，每当加卸载整数值时，进行一次渗流实验，实验过程中一定要遵循孔隙压力小于 σ_2 和 σ_3。具体实验方案和不同应力加载路径见表 3-1 和图 3-11。

表 3-1 实 验 方 案

载荷	时段	气压/MPa	最大主应力/MPa	中间主应力/MPa	最小主应力/MPa	有效应力/MPa	备 注
加载1	1	1.0	2	2	2	1.45	以 0.1 MPa/step 速度进行加载
	2	1.0	4	2	2	2.12	
	3	1.0	6	2	2	2.78	
	4	1.0	8	2	2	3.45	
	5	1.0	10	2	2	4.12	
	6	1.0	12	2	2	4.78	
	7	1.0	14	2	2	5.45	
	8	1.0	16	2	2	6.12	
加载2	1	1.0	16	2	2	6.12	以 0.1 MPa/step 速度进行加载
	2	1.0	16	4	2	6.78	
	3	1.0	16	6	2	7.45	
	4	1.0	16	8	2	8.12	
	5	1.0	16	10	2	8.78	
	6	1.0	16	12	2	9.45	
	7	1.0	16	14	2	10.12	
	8	1.0	16	16	2	10.78	

表 3-1（续）

载荷	时段	气压/MPa	最大主应力/MPa	中间主应力/MPa	最小主应力/MPa	有效应力/MPa	备　注
加载 3	1	1.0	16	16	2	10.78	以 0.1 MPa/step 速度进行加载
	2	1.0	16	16	4	11.45	
	3	1.0	16	16	6	12.12	
	4	1.0	16	16	8	12.78	
	5	1.0	16	16	10	13.45	
	6	1.0	16	16	12	14.12	
	7	1.0	16	16	14	14.78	
	8	1.0	16	16	16	15.45	
加载 4	1	1.0	2	2	2	1.45	以 0.1 MPa/step 速度进行加载直至煤样破坏
	2	1.0	3	2	2	1.78	
	3	1.0	4	2	2	2.12	
	4	1.0	5	2	2	2.45	
	5	1.0	6	2	2	2.78	
	—	—	—	—	—	—	
	—	—	—	—	—	—	
	N	1.0	N	2	2	N	

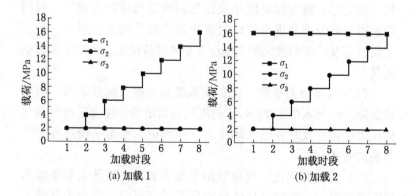

(a) 加载 1　　　　　　　　(b) 加载 2

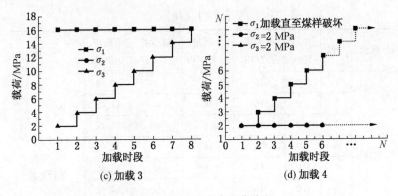

图 3-11　不同应力加载路径

2. 实验步骤

（1）检查密封性。首先对实验装置管路系统的密封性进行检测，避免在实验过程中漏气，确保测试结果的可靠性。

（2）烘干试样。为排除水分对测试结果的影响，将实验煤样放进高温马弗炉里恒温干燥 24 h，然后在干燥器中冷却后称重。

（3）安装试样。将原煤试样装入橡胶套中，在压头和煤样壁面涂抹一层 704 硅胶，使橡胶套紧贴试件壁面和两端压头，避免气体从煤样与橡胶套间间隙流过，并连接好数据采集仪等其他系统，将整个系统放入恒温箱中，确保实验环境温度恒定。

（4）真空脱气。正确连接实验系统，并检查实验系统气密性是否完好，将实验温度环境预置到设定温度的前提下，利用两台真空泵分别从进出气口对煤样及管路系统进行脱气，保证关闭真空泵后实验系统的真空度 2 h 内维持恒定，最终完成真空脱气。

（5）气体吸附平衡。在实验系统真空脱气完成之后，向实验管路系统充入浓度 99.99% 的氮气到预定值，注意进出气端气体压力变化并及时补偿气体压力，详细记录吸附平衡过程中压力表的变化。

（6）渗透率测定。气体吸附平衡完成后，打开实验系统出气管路控制阀，测定出口流量数据并进行记录，等到出气端气

体流量稳定后，连续测定 5 组气体流量；按照实验方案中的应
力路径，逐步完成载荷煤体渗流实验。

（7）试样更换。垂直、平行和斜交层理的煤样各进行 3 组
共 9 组实验，等到一组实验完成后，取出煤样夹持器中破坏后
的煤样；重复步骤（1）~（6），进行下一组载荷煤体的渗流
实验。

3.1.4　实验原理

目前，国内外常用测定煤体渗透率的方法基本可以分为稳
态法和瞬态法两种，这两种方法有各自不同的测定步骤、要求
和计算公式，各国学者利用这两种煤体渗透率测定方法开展了
大量的研究，获得了不同条件下的煤体渗透率演化规律。按照
测定煤体渗透率的环境不同还可以分为实验室测定法和现场测
定法，由于现场测定存在时间长、成本高、误差比较大等显著
缺点，因此大多研究者常采用实验室测定法来测定煤体渗
透率。根据煤样两端气体压力和煤样夹持器出口的稳定渗流速
度，结合煤样的长度、截面积等参数计算出煤样的渗透率：

$$k = \frac{2\mu LQp_0}{A(p_1^2 - p_2^2)} \tag{3-1}$$

式中　μ——气体动力黏性系数，Pa·s；

k——煤样渗透率，mD；

L——煤样的长度，mm；

Q——气体流量，cm³/s；

p_0——大气压力，取 101325 Pa；

A——煤样的截面积，mm²；

p_1——进口气体压力，MPa；

p_2——出口气体压力，MPa。

3.2　受载煤体渗流特性实验

3.2.1　垂直层理载荷煤样渗流特性

1. 垂直层理煤样的渗透率演化特性

在前期选择的实验方法和设定的应力路径 1 条件下，在真三轴受载煤体渗流实验装置平台上开展垂直层理煤样渗透率测试实验。首先按照三向等压状态逐步施加三轴应力 $\sigma_1 = \sigma_2 = \sigma_3 = 2$ MPa，保持 σ_2、σ_3 不变，以 0.1 MPa/step 速度进行加载，阶梯加载 σ_1 到 16 MPa，每当加载整数值时进行一次渗流测试，实验结果如图 3 - 12 所示；其次保持 σ_1、σ_3 不变，以 0.1 MPa/step 速度进行加载，阶梯加载 σ_2 到 16 MPa，实验结果如图 3 - 13 所示；最后保持 σ_1、σ_2 不变，以 0.1 MPa/step 速度进行加载，阶梯加载 σ_3 到 16 MPa，实验结果如图 3 - 14 所示。

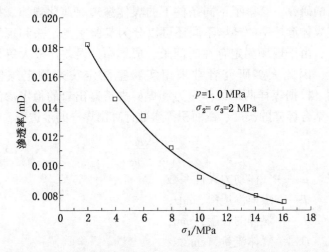

图 3 - 12　垂直层理煤样最大主应力加载过程渗透率演化特性

分析图 3 - 12 至图 3 - 14 可知，垂直层理煤样加载初期的渗透率为 0.0181 mD，加载末期，煤样的渗透率降低到 0.00384 mD，渗透率降低了 78.9%；最大主应力 σ_1 加载阶段末期，煤样的渗透率降低到 0.00756 mD，渗透率降低了 0.01066 mD；中间主应力 σ_2 加载阶段末期，煤样的渗透率为 0.00513 mD，渗透率降低了 0.00243 mD；最小主应力 σ_3 加载阶段末期煤样的渗透率为 0.00384 mD，渗透率降低了 0.00129 mD。根据图 3 - 12 至图

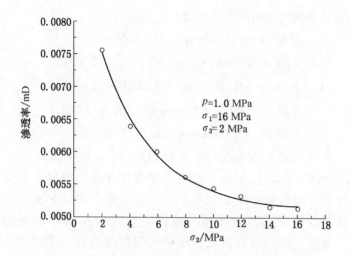

图 3 - 13 垂直层理煤样中间主应力加载过程渗透率演化特性

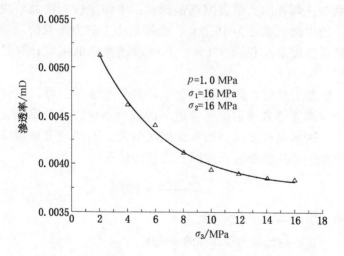

图 3 - 14 垂直层理煤样最小主应力加载过程渗透率演化特性

3 - 14 最大主应力 σ_1、中间主应力 σ_2 和最小主应力 σ_3 与渗透率的关系曲线，得到最大主应力 σ_1、中间主应力 σ_2 和最小主应力

σ_3 与渗透率之间的拟合方程为

$$\begin{cases} k = 0.0058 + 0.0165\exp[-0.1434(\sigma_1)] \\ \quad (R^2 = 0.9866, \sigma_2 = 2\ \text{MPa}, \sigma_3 = 2\ \text{MPa}) \\ k = 0.0051 + 0.0041\exp[-0.2661(\sigma_2)] \\ \quad (R^2 = 0.9917, \sigma_1 = 16\ \text{MPa}, \sigma_3 = 2\ \text{MPa}) \\ k = 0.0038 + 0.0021\exp[-0.2173(\sigma_3)] \\ \quad (R^2 = 0.9902, \sigma_1 = 16\ \text{MPa}, \sigma_2 = 16\ \text{MPa}) \end{cases} \quad (3-2)$$

由式（3-2）可知，垂直层理煤样在应力路径 1 的实验条件下，渗透率与最大主应力、中间主应力和最小主应力与渗透率均呈指数函数关系，随着应力的增加渗透率逐渐降低。最大主应力加载初期，煤样的裂隙更容易压缩闭合，此阶段渗透率的降低幅度最大为 74.1%，这主要是由于最大主应力加载方向与煤样层理裂隙面呈 90° 垂直，此阶段应力的加载会使煤样的孔隙裂隙迅速压密；中间主应力加载阶段煤样渗透率降低幅度为 16.9%，而在最小主应力加载阶段渗透率降低幅度最小仅为 9.0%，具体渗透率降低幅度计算过程见式（3-3）。

根据王登科、景岷雪和袁小玲的研究成果，可以用煤样渗透率损害率来评估煤样渗透率的减少幅度，渗透率损害率越大，表示煤样渗透率的减少幅度越大。不同应力加载阶段煤样渗透率损害率可以按照下式进行计算：

$$D_m = \frac{k_0 - k_m}{k_b} \times 100\% \quad (3-3)$$

式中　D_m——煤样渗透率损害率；

　　　k_0——加载初期煤样的渗透率；

　　　k_m——加载末期煤样的渗透率；

　　　k_b——整个加载过程煤样的渗透率降低值。

按照式（3-3），最大主应力 σ_1、中间主应力 σ_2 和最小主应力 σ_3 不同加载阶段煤样渗透率损害率分别为

$$\begin{cases} D_{m1} = \dfrac{k_0 - k_{m1}}{k_b} \times 100\% = 74.1\% \\[3mm] D_{m2} = \dfrac{k_0 - k_{m2}}{k_b} \times 100\% = 16.9\% \\[3mm] D_{m3} = \dfrac{k_0 - k_{m3}}{k_b} \times 100\% = 9.0\% \end{cases}$$

为进一步分析整个加载阶段有效应力与渗透率的关系，根据渗透率实验结果，对整个加载过程渗透率变化规律进行拟合，具体如图 3 - 15 所示。

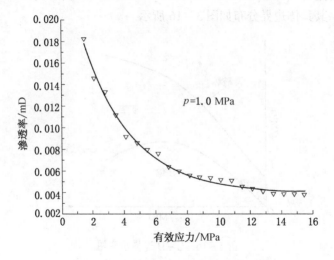

图 3 - 15 垂直层理煤样有效应力与渗透率的关系

分析图 3 - 15 可知，煤样加载过程中随着有效应力的增加会导致渗透率逐渐降低，垂直层理煤样加载的初期，渗透率降低幅度比较大；加载到 8 MPa 的过程中渗透率呈线性降低，加载超过 8 MPa 后，渗透率的降低幅度逐渐平缓，分析原因主要是有效应力的增加导致孔隙、裂隙逐渐压缩闭合，气体流动通道也逐渐变小，气体通过煤体渗流通道的阻力逐渐增大，因此有效应力的增加会导致煤样渗透率降低，但超过一定值后煤样渗透率的变化逐渐稳定。通过对垂直层理煤样加载过程渗透率变化规律进行拟合分析，可以得到渗透率与有效应力之间的拟合方程，其表达式为

$$k = 0.0039 + 0.0219\exp[-0.3152(\sigma_e)] \quad (R^2 = 0.9923)$$

$$(3-4)$$

2. 垂直层理煤样的压缩 – 扩容边界及渗透率变化

不同层理煤样在受力的变形过程中，其应力状态会从压缩变形逐渐过渡到扩容变形，压缩与扩容过渡变形的边界即压缩 – 扩容边界（Compression – Dilatancy Boundary），简称为 C – D 边界，其具体边界分布如图 3 – 16 所示。

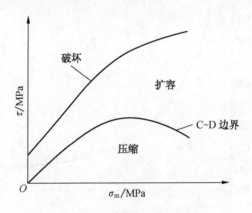

图 3 – 16　C – D 边界示意图

图 3 – 16 中，τ 为剪应力，σ_m 为平均正应力，C – D 边界的表达式为

$$\begin{cases} X(\sigma_m, \tau) = -\tau + f_1\sigma_m^2 + f_2\sigma_m \\ \tau = \dfrac{\left[(\sigma_1 - \sigma_2)^2 + (\sigma_1 - \sigma_3)^2 + (\sigma_2 - \sigma_3)^2\right]^{\frac{1}{2}}}{3} \\ \sigma_m = \dfrac{\sigma_1 + \sigma_2 + \sigma_3}{3} \end{cases} \quad (3-5)$$

采用不变量的表达式为

$$\begin{cases} X(U_1, V_2) = -\sqrt{\dfrac{2}{3}}\sqrt{V_2} + f_1 \dfrac{U_1^{\,2}}{9} + f_2 \dfrac{U_1}{3} \\ U_1 = \sigma_1 + \sigma_2 + \sigma_3 \\ V_2 = \dfrac{(\sigma_1 - \sigma_2)^2 + (\sigma_1 - \sigma_3)^2 + (\sigma_2 - \sigma_3)^2}{6} \end{cases} \quad (3-6)$$

若 $\tau_\psi = \sqrt{2V_2}$，$\sigma_\psi = \dfrac{U_1}{\sqrt{3}}$，在平面 ψ 上剪应力 σ_ψ 和法向应力 τ_ψ 可以表示为

$$X(\sigma_\psi, \tau_\psi) = -\frac{1}{\sqrt{3}}\tau_\psi + f_1 \frac{\sigma_\psi^2}{3} + f_2 \frac{\sigma_\psi}{\sqrt{3}} \quad (3-7)$$

剪应力 σ_ψ 和法向应力 τ_ψ 在子午面上的关系式为

$$\tau_\psi = f_1 \frac{\sqrt{3}\,\sigma_\psi^2}{3} + f_2 \sigma_\psi \quad (3-8)$$

C – D 边界应力空间形态如图 3 – 17 所示，图中曲面在平面 ψ 上的轨迹线为抹圆了角的六边形，其中扩容边界是以等倾线为旋转轴，以 $\tau_\psi = f_1 \dfrac{\sqrt{3}\,\sigma_\psi^2}{3} + f_2 \sigma_\psi$ 为母线的空间曲面。

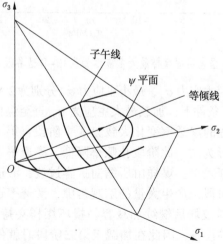

图 3 – 17　C – D 边界应力空间形态

根据前期选择的实验方法和设定的应力路径 2 条件下，在真三轴流固耦合伺服实验装置平台上开展垂直层理煤样渗透率测试实验。首先按照三向等压状态逐步施加三轴应力 $\sigma_1 = \sigma_2 = \sigma_3 = 2$ MPa，保持 σ_2、σ_3 不变，以 0.1 MPa/step 速度进行加载，阶梯加载 σ_1 直到煤样破坏，当煤样刚开始出现破坏渗透率上升时即刻停止应力加载，每当加载整数值时进行一次渗流测试，实验结果如图 3 – 18 所示。

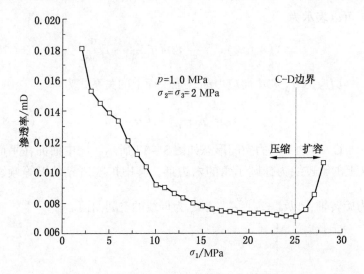

图 3 – 18　垂直层理煤样最大主应力加载 C – D 边界及渗透率变化

　　恒定中间主应力 σ_2、最小主应力 σ_3 分别为 2 MPa（即 $\sigma_2 = \sigma_3 = 2$ MPa）条件下，加载最大主应力 σ_1 直至煤样破坏。煤样变形破坏过程的渗透率变化大致分 3 个阶段：第一阶段，以压密、弹性变形为主，此阶段孔隙率降低，渗透率下降；第二阶段，裂隙逐渐发育，煤样由压缩向扩容过渡，渗透率开始缓慢上升；第三阶段，产生大量的宏观裂隙，渗透率迅速上升。本试验由于煤样破坏后继续加载容易损坏煤样夹持器中的胶套，进而损坏实验设备，因此在加载至第二阶段时就停止最大主应力 σ_1 的加载。分析图 3 – 18 可以看出，垂直层理煤样在最大主

应力 σ_1 加载 10 MPa 之前，渗透率急剧下降，加载超过 10 MPa 后渗透率下降速度明显变缓，当最大主应力 σ_1 加载到 25 MPa 时，煤样渗透率开始上升，即垂直层理煤样 C-D 边界对应的最大主应力为 25 MPa 左右。

3.2.2 平行层理载荷煤样渗流特性

1. 平行层理煤样的渗透率演化特性

根据设定的实验条件，在真三轴流固耦合伺服实验装置平台上开展平行层理煤体渗透率测试实验。首先按照三向等压状态逐步施加三轴应力 $\sigma_1 = \sigma_2 = \sigma_3 = 2$ MPa，保持 σ_2、σ_3 不变，以 0.1 MPa/step 速度进行加载，阶梯加载 σ_1 到 16 MPa，每当加载整数值时进行一次渗流测试，实验结果如图 3-19 所示；其次保持 σ_1、σ_3 不变，以 0.1 MPa/step 速度进行加载，阶梯加载 σ_2 到 16 MPa，实验结果如图 3-20 所示；最后保持 σ_1、σ_2 不变，以 0.1 MPa/step 速度进行加载，阶梯加载 σ_3 到 16 MPa，实验结果如图 3-21 所示。

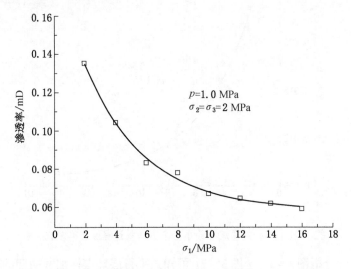

图 3-19　平行层理煤样最大主应力加载过程渗透率演化特性

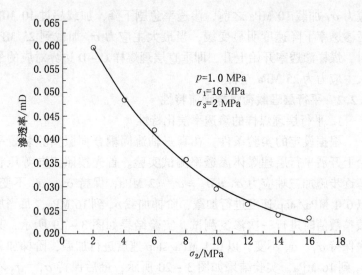

图 3-20　平行层理煤样中间主应力加载过程渗透率演化特性

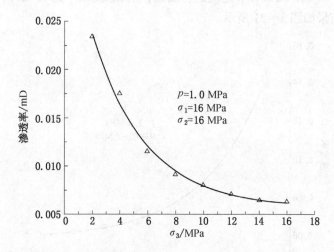

图 3-21　平行层理煤样最小主应力加载过程渗透率演化特性

分析图 3-19 至图 3-21 可知，平行层理煤样加载初期的渗透率为 0.1352 mD，而垂直层理煤样加载初期的渗透率仅仅为平行层理的 13.5%；加载末期煤样的渗透率降低到 0.00635 mD，渗透率降低了 95.3% 。平行层理煤样加载阶段，渗透率降低幅度比垂直层理煤样大得多，煤样几乎失去了渗流能力。最大主应力 σ_1 加载阶段末期，煤样的渗透率降低到 0.0594 mD，渗透率降低了 0.0758 mD；中间主应力 σ_2 加载阶段末期，煤样的渗透率为 0.02358 mD，渗透率降低了 0.03582 mD；最小主应力 σ_3 加载阶段末期，煤样渗透率为 0.00635 mD，渗透率降低了 0.01723 mD。

根据图 3 - 19 至图 3 - 21 最大主应力 σ_1、中间主应力 σ_2 和最小主应力 σ_3 与渗透率的关系曲线，得到最大主应力 σ_1、中间主应力 σ_2 和最小主应力 σ_3 与渗透率之间的拟合方程为

$$\begin{cases} k = 0.0582 + 0.1279\exp[-0.2551(\sigma_1)] \\ \qquad (R^2 = 0.9941, \sigma_2 = 2 \text{ MPa}, \sigma_3 = 2 \text{ MPa}) \\ k = 0.0167 + 0.0568\exp[-0.1419(\sigma_2)] \\ \qquad (R^2 = 0.9946, \sigma_1 = 16 \text{ MPa}, \sigma_3 = 2 \text{ MPa}) \\ k = 0.0056 + 0.0307\exp[-0.2582(\sigma_3)] \\ \qquad (R^2 = 0.9899, \sigma_1 = 16 \text{ MPa}, \sigma_2 = 16 \text{ MPa}) \end{cases} \quad (3-9)$$

由式（3 - 9）可知，平行层理煤样在应力路径 1 的实验条件下，渗透率与最大主应力、中间主应力和最小主应力与渗透率均呈指数函数关系，随着应力的增加，渗透率逐渐降低。最大主应力加载初期，平行层理煤样的裂隙逐渐压缩闭合，但此阶段渗透率的降低幅度仅为 58.8% ，这比垂直层理的降低幅度 74.1% 要低，这是由于最大主应力加载方向与煤样的层理裂隙面方向平行，此阶段的加载并没有使层理裂隙面完全闭合；在中间主应力加载阶段，平行层理煤样渗透率降低幅度为 27.8% ，这比垂直层理的降低幅度 16.9% 要高，这是由于中间主应力的加载使没有完全闭合层理裂隙面进一步闭合；而在最小主应力加载阶段，渗透率降低幅度最小仅为 13.4% 。具体渗透率降低幅度计算过程如下。

按照式（3 - 3），最大主应力 σ_1、中间主应力 σ_2 和最小主

应力 σ_3 不同加载阶段煤样渗透率损害率分别为

$$\begin{cases} D_{m1} = \dfrac{k_0 - k_{m1}}{k_b} \times 100\% = 58.8\% \\[2mm] D_{m2} = \dfrac{k_0 - k_{m2}}{k_b} \times 100\% = 27.8\% \\[2mm] D_{m3} = \dfrac{k_0 - k_{m3}}{k_b} \times 100\% = 13.4\% \end{cases}$$

根据平行层理煤样渗透率实验结果，分析整个加载阶段有效应力与渗透率的关系，对整个加载过程渗透率变化规律进行拟合，具体如图 3 – 22 所示。

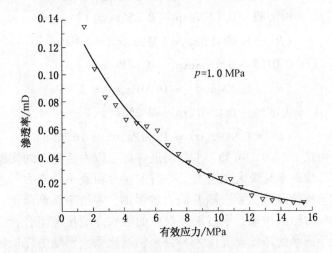

图 3 – 22 平行层理煤样加载过程有效应力与渗透率的关系

分析图 3 – 22 可知，加载过程中渗透率随着有效应力的增加而逐渐降低，平行层理煤样加载的初期，渗透率降低幅度比较大，这与垂直层理煤样加载过程渗透率的变化趋势一致；加载到 10 MPa 之前时渗透率降低幅度较大，基本呈线性降低；加载超过 10 MPa 后，渗透率的降低幅度逐渐平缓，有效应力的增加导致平行层理煤样中气体流动通道逐渐变小，气体通过煤体渗流通道阻力增大，这也是有效应力的增加会导致煤样渗透率

降低的原因。通过对平行层理煤样加载过程渗透率变化规律进行拟合分析，可以得到渗透率与有效应力之间的拟合方程，其表达式为

$$k = -0.0053 + 0.1637\exp[-0.1748(\sigma_e)] \quad (R^2 = 0.9752)$$

$$(3-10)$$

2. 平行层理煤样的压缩－扩容边界及渗透率变化

根据前期选择的实验方法和设定的应力路径 2 条件下，在真三轴流固耦合渗流实验装置平台上开展平行层理煤体渗透率测试实验。首先按照三向等压状态逐步施加三轴应力 $\sigma_1 = \sigma_2 = \sigma_3 = 2$ MPa，保持 σ_2、σ_3 不变，以 0.1 MPa/step 速度进行加载，阶梯加载 σ_1 直到煤样破坏，每当加载整数值时进行一次渗流测试，实验结果如图 3-23 所示。

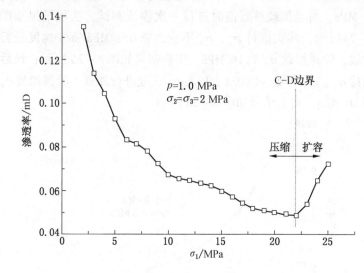

图 3-23 平行层理煤样最大主应力加载破坏过程
C-D 边界及渗透率变化

恒定中间主应力 σ_2、最小主应力 σ_3 分别为 2 MPa（即 $\sigma_2 = \sigma_3 = 2$ MPa）条件下，加载最大主应力 σ_1 直至煤样破坏，在加

载至煤样破坏的初期即刻停止最大主应力 σ_1 的加载。分析图 3-23可以看出，平行层理煤样在最大主应力 σ_1 加载的初期，渗透率急剧下降，之后渗透率下降速度明显变缓，这与垂直层理煤样的趋势基本一致；当最大主应力 σ_1 加载 22 MPa 时，煤样渗透率开始上升，即平行层理煤样 C-D 边界对应的最大主应力为 22 MPa 左右，该值比垂直层理煤样的值小 3 MPa。

3.2.3　斜交层理载荷煤样渗流特性

1. 斜交层理煤样的渗透率演化特性

根据设定的实验条件，在真三轴受载煤体流固耦合渗流实验装置平台上开展斜交层理煤体渗透率测试实验。首先按照三向等压状态逐步施加三轴应力 $\sigma_1 = \sigma_2 = \sigma_3 = 2$ MPa，保持 σ_2、σ_3 不变，以 0.1 MPa/step 速度进行加载，阶梯加载 σ_1 到 16 MPa，每当加载整数值时进行一次渗流测试，实验结果如图 3-24所示；其次保持 σ_1、σ_3 不变，以 0.1 MPa/step 速度进行加载，阶梯加载 σ_2 到 16 MPa，实验结果如图 3-25 所示；最后保持 σ_1、σ_2 不变，以 0.1 MPa/step 速度进行加载，阶梯加载 σ_3 到 16 MPa，实验结果如图 3-26 所示。

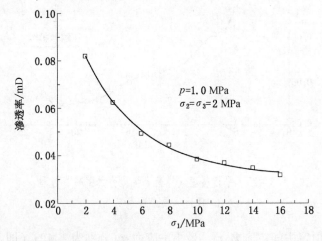

图 3-24　斜交层理煤样最大主应力加载过程渗透率演化特性

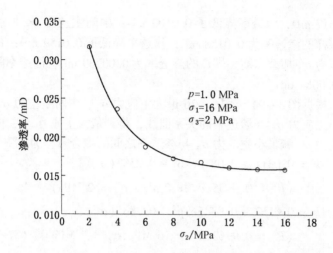

图 3 - 25 斜交层理煤样中间主应力加载过程渗透率演化特性

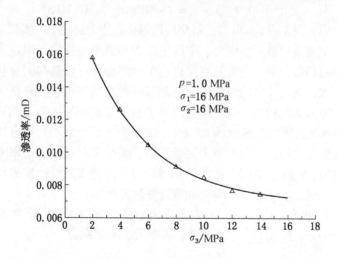

图 3 - 26 斜交层理煤样最小主应力加载过程渗透率演化特性

分析图 3 - 24 至图 3 - 26 可知, 斜交层理煤样加载初期的渗透率为 0.0822 mD, 是平行层理煤样加载初期渗透率的 3/5; 加载末期煤样的渗透率降低到 0.00739 mD, 渗透率降低了 90.9% 。最大主应力 σ_1 加载阶段末期, 煤样的渗透率降低到

0.0317 mD，渗透率降低了 0.0503 mD；中间主应力 σ_2 加载末期煤样的渗透率为 0.0158 mD，渗透率降低了 0.0159 mD；最小主应力 σ_3 加载末期，煤样的渗透率为 0.00739 mD，渗透率降低了 0.0084 mD。

根据图 3-24 至图 3-26 最大主应力 σ_1、中间主应力 σ_2 和最小主应力 σ_3 与渗透率的关系曲线，得到最大主应力 σ_1、中间主应力 σ_2 和最小主应力 σ_3 与渗透率之间的拟合方程为

$$\begin{cases} k = 0.0311 + 0.0815\exp[-0.2383(\sigma_1)] \\ \quad (R^2 = 0.9955, \sigma_2 = 2\ \text{MPa}, \sigma_3 = 2\ \text{MPa}) \\ k = 0.0157 + 0.0345\exp[-0.3835(\sigma_2)] \\ \quad (R^2 = 0.9962, \sigma_1 = 16\ \text{MPa}, \sigma_3 = 2\ \text{MPa}) \quad (3-11) \\ k = 0.0069 + 0.1421\exp[-0.2302(\sigma_3)] \\ \quad (R^2 = 0.9983, \sigma_1 = 16\ \text{MPa}, \sigma_2 = 16\ \text{MPa}) \end{cases}$$

由式（3-11）可知，斜交层理煤样在应力路径 1 的实验条件下，渗透率与最大主应力、中间主应力和最小主应力与渗透率均呈指数函数关系，这与垂直层理、平行层理煤样渗透率的变化趋势一致，随着应力的增加斜交层理煤样的渗透率也逐渐降低。最大主应力加载初期，斜交层理煤样的裂隙逐渐压缩闭合，此阶段渗透率的降低幅度最大为 67.4%，该值介于平行层理和垂直层理降低幅度之间；中间主应力加载阶段，斜交层理煤样渗透率降低幅度为 21.3%；在最小主应力加载阶段，渗透率降低幅度最小仅为 11.3%。具体渗透率降低幅度计算过程如下。

按照式（3-13），最大主应力 σ_1、中间主应力 σ_2 和最小主应力 σ_3 不同加载阶段煤样渗透率损害率分别为

$$\begin{cases} D_{m1} = \dfrac{k_0 - k_{m1}}{k_b} \times 100\% = 67.4\% \\[3mm] D_{m2} = \dfrac{k_0 - k_{m2}}{k_b} \times 100\% = 21.3\% \\[3mm] D_{m3} = \dfrac{k_0 - k_{m3}}{k_b} \times 100\% = 11.3\% \end{cases}$$

根据斜交层理煤样渗透率实验结果，分析整个加载阶段有效应力与渗透率的关系，对整个加载过程渗透率变化规律进行拟合，具体如图 3 - 27 所示。

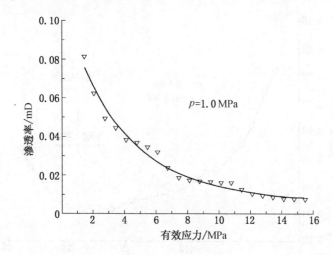

图 3 - 27　斜交层理煤样加载过程有效应力与渗透率的关系

分析图 3 - 27 可知，加载过程中渗透率随着有效应力的增加而逐渐降低，这与垂直层理、平行层理的渗透率变化趋势一致。在斜交层理煤样加载的初期，渗透率降低幅度仍然最大，在加载到 7 MPa 的过程中渗透率降低的幅度比较大，呈线性降低，加载超过 7 MPa 后渗透率的降低幅度逐渐平缓。通过对斜交层理煤样加载过程渗透率变化规律进行拟合分析，可以得到渗透率与有效应力之间的拟合方程，其表达式为

$$k = 0.0039 + 0.0219\exp[-0.3152(\sigma_1)] \quad (R^2 = 0.9923)$$

$$(3 - 12)$$

2. 斜交层理煤样的压缩 - 扩容边界及渗透率变化

根据前期选择的实验方法和设定的应力路径 2 条件下，在真三轴流固耦合伺服实验装置平台上开展斜交层理煤体渗透率测试实验。首先按照三向等压状态逐步施加三轴应力 $\sigma_1 = \sigma_2 =$

$\sigma_3 = 2$ MPa，保持 σ_2、σ_3 不变，以 0.1 MPa/step 速度进行加载，阶梯加载 σ_1 直到煤样破坏，每当加载整数值时进行一次渗流测试，实验结果如图 3-28 所示。

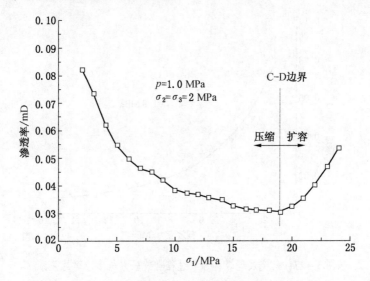

图 3-28 斜交层理煤样最大主应力加载破坏过程
C-D 边界及渗透率变化

恒定中间主应力 σ_2、最小主应力 σ_3 分别为 2 MPa（即 $\sigma_2 = \sigma_3 = 2$ MPa）条件下，加载最大主应力 σ_1 直至煤样破坏，在加载至煤样渗透率开始上升时停止应力的加载。分析图 3-28 可以看出，斜交层理煤样在最大主应力 σ_1 加载的初期，渗透率急剧下降，加载超过一定值后渗透率下降速度明显变缓，斜交层理煤样在最大主应力 σ_1 加载 19 MPa 时，煤样渗透率开始上升，即斜交层理煤样 C-D 边界对应的最大主应力为 19 MPa 左右，该值比垂直层理煤样的值小 6 MPa。

3.3 实验结果与分析

进一步分析渗流特性试验可知，不同层理煤样的渗透率随着应力的加载而变化，载荷的变化直接影响着煤样的渗透率大小。不同层理煤样均随着有效应力的增加而降低，且在有效应力加载的初期渗透率变化比较大，之后随着有效应力的增加变化逐渐缓慢，不同层理煤样的渗透率与有效应力之间呈指数函数关系，不同层理煤样渗流特性的试验结果与 Gash、日本学者的研究结果基本吻合。

图 3 - 29 所示为不同层理煤样应力加载过程的渗透率变化规律。分析图 3 - 29 可知，不同层理方向对煤样渗透率有重要

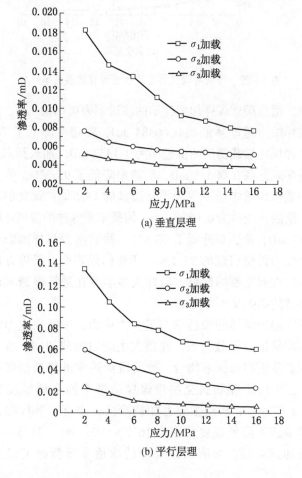

(a) 垂直层理

(b) 平行层理

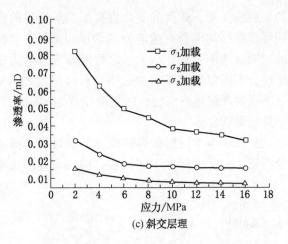

图 3-29　不同层理煤样应力加载过程的渗透率变化

的影响，垂直层理煤样加载初期的渗透率为 0.0181 mD，加载到末期煤样的渗透率降低到 0.00384 mD，渗透率降低了 78.9%；平行层理煤样加载初期的渗透率为 0.1352 mD，加载到末期煤样的渗透率降低到 0.00635 mD，渗透率降低了 95.3%，垂直层理煤样加载初期的渗透率仅为平行层理的 13.5%；斜交层理煤样加载初期的渗透率为 0.0822 mD，加载末期煤样的渗透率降低到 0.00739 mD，渗透率降低了 90.9%，垂直层理煤样加载初期的渗透率仅为斜交层理的 22.2%。研究结果表明，层理方向对煤样渗流特性有重要的影响，以往大多学者在进行渗透率试验时忽略层理的影响是不合理的。

　　不同层理煤样的渗透率与最大主应力、中间主应力和最小主应力均呈指数函数关系。在最大主应力加载初期，垂直层理煤样的裂隙更容易压缩闭合，此阶段渗透率的降低幅度最大为74.1%，平行层理和斜交层理煤样渗透率的降低幅度分别为58.8%、67.4%；中间主应力加载阶段，垂直、平行和斜交层理煤样渗透率降低幅度分别为 16.9%、27.8%、21.3%；最小主应力加载阶段，垂直层理煤样的渗透率降低幅度最小仅为

9.0%，平行层理和斜交层理煤样渗透率的降低幅度分别为 13.4%、11.3%。不同层理煤样最大主应力加载时，此阶段属于应力加载初期，会使煤样的孔隙裂隙迅速压密，因此该应力加载阶段的降低幅度始终最大，而平行层理煤样最大主应力加载阶段的降低幅度相对小一些，其原因是最大主应力加载方向与煤样的层理裂隙面方向平行，此阶段的加载并不容易使层理裂隙面完全闭合，不同层理煤样试验加载，中间主应力和最小主应力对煤体渗透率的影响均不相同。研究结果进一步表明了以往渗流试验时将中间主应力和最小主应力简化相等的围压是不合理的。

3.4 本章小结

本章采集某矿 29031 工作面的新鲜煤块，制取了不同层理方向的立方体标准原煤煤样，在真三轴流固耦合渗流实验装置平台上，结合煤体开采过程的受力特点，进行不同加载应力路径下的煤体渗流特性实验，研究不同应力的变化对受载煤体渗流规律的影响。具体研究成果如下：

（1）根据不同层理煤样的渗流特性试验结果，垂直、平行和斜交层理煤样加载初期的渗透率为 0.0181 mD、0.1352 mD、0.0822 mD，垂直层理煤样加载初期的渗透率仅为平行层理和斜交层理的 13.5%、22.2%；垂直、平行和斜交层理煤样加载末期的渗透率分别为 0.00384 mD、0.00635 mD、0.00739 mD，其渗透率分别降低了 78.9%、95.3%、90.9%，这进一步表明层理构造方向对煤样渗流特性有重要的影响。

（2）不同层理煤样的渗透率与最大主应力、中间主应力和最小主应力均呈指数函数关系，其通用表达式为 $k = a + b\exp[-c(\sigma_i)](i = 1 \sim 3)$，随着应力的增加渗透率逐渐降低，垂直层理煤样在最大主应力、中间主应力和最小主应力加载阶段渗透率的降低幅度分别为 74.1%、16.9%、9.0%；平行层理煤样在最大主应力、中间主应力和最小主应力加载阶段渗透率的降低幅度分别为 58.8%、27.8%、13.4%；斜交层理煤样在最大主应力、中间主应力和最小主应力加载阶段渗透率的降低幅度分别为 67.4%、21.3%、11.3%。不同层理煤样最大主应力加载阶段属于应力加载的初期，该阶段的加载会使煤样的孔隙裂隙迅速压密，因此该应力加载阶段的降低幅度始终最大，但由于层理构造方向的不同其降低的幅度有较大的差别。

(3) 不同层理煤样的渗透率均随着有效应力的增加而逐渐降低，渗透率与有效应力均呈指数函数关系，其通用表达式为 $k = a + b\exp\left[-c(\sigma_e)\right]$。在垂直层理煤样加载的初期渗透率降低幅度比较大，当有效应力加载到 8 MPa 的过程中渗透率呈线性降低，加载超过 8 MPa 后渗透率的降低幅度逐渐平缓；平行层理煤样当有效应力加载到 10 MPa 的过程中渗透率呈线性降低，加载超过 10 MPa 后渗透率的降低幅度逐渐平缓；斜交层理煤样当有效应力加载到 7 MPa 的过程中渗透率呈线性降低，加载超过 7 MPa 后渗透率的降低幅度逐渐平缓。有效应力的增加会导致煤样渗透率降低，但超过一定值后煤样渗透率的变化逐渐稳定。

(4) 恒定中间主应力 σ_2 和最小主应力 σ_3 条件下（即 $\sigma_2 = \sigma_3 = 2$ MPa），加载最大主应力 σ_1 直至煤样破坏，加载至渗透率上升初期就停止最大主应力 σ_1 的加载。不同层理煤样变形破坏过程均为应力加载初期渗透率急剧下降，随着应力的不断增加渗透率下降速度明显变缓，垂直、平行和斜交层理煤样分别加载到 25 MPa、22 MPa、19 MPa 时，渗透率开始上升，煤样逐渐进入扩容变形阶段，即垂直、平行和斜交层理煤样的 C – D 边界对应的最大主应力分别为 25 MPa、22 MPa、19 MPa。

4 受载含层理煤体裂隙演化与渗流特性数值模拟

载荷煤体的细微观、宏观变形以及渗透率的变化一直是国内外学者研究的重点和难点之一，而煤体中孔隙、裂隙的变形和裂纹的扩展、贯通就是载荷条件下煤样渗透率的演化过程。为了进一步分析受载含层理煤体的裂隙演化规律，本章利用 RF-PA^{2D} – Flow 模拟软件，选择与第三章实验过程相同的力学路径条件，针对含层理煤体在受载过程中裂隙的萌生、扩展进行数值模拟，并将数值模拟结果和实验结果对比分析。

4.1 RFPA^{2D} – Flow 模拟软件介绍

采矿、石油、地质等部门经常接触的最基本天然材料是岩石，天然的岩石是非连续、非弹性、各向异性的介质，且具有时效性、记忆性和依赖性。目前，许多经典力学推导的理论公式无法解释复杂的岩体材料问题，许多实际工程当中，依据理想化的模式计算出的岩体变形、破坏和强度等与现场实际差别较大。煤矿岩爆、瓦斯突出及采场顶板冒落等灾难性事故的发生给国家和人民财产造成了巨大损失，这也从侧面表明目前还缺乏对岩石材料的不规则性、复杂性和非线性深层次的认识，这也导致许多岩石力学问题无法定量/定性地完整解释。岩石之所以产生非线性变形，主要因为岩石在受载过程中其内部不断产生微细破裂，进而不断发展便导致最终的宏观破裂。以往的有限元方法可以模拟宏观行为上岩石的非线性变形，但是没有模拟出岩石在破坏变形时的微破裂进程。

RFPA 模拟软件是一个可以真实反映材料渐进破坏的模拟工具。许多煤岩体中数值模拟软件无法解决的问题都可以通过 RFPA 实现，这主要得益于其独特的计算分析方法，该分析方法考虑了缺陷分布的随机性和样品材料的非均性并结合到有限元法中，最终实现了非均匀性样品材料破坏的数值模拟。RFPA^{2D} – Flow 渗流版是在 RFPA 基本版的基础上开发的，利用 RFPA^{2D} – Flow 渗流版可以进行煤岩体基本渗流特性的数值模拟研究，也可以进行煤岩体裂隙演化和气体渗流流固耦合的数值模拟分析。RFPA^{2D} – Flow 数值模拟软件界面如图 4 – 1 所示。

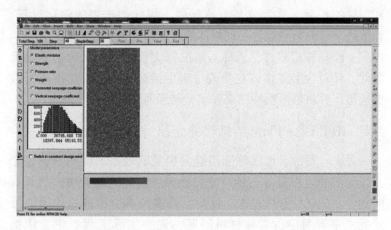

图 4 – 1　RFPA^{2D} – Flow 数值模拟软件界面

1. RFPA^{2D} – Flow 渗流版计算要点

RFPA^{2D} – Flow 渗流版计算要点如下：

（1）样品单元破坏的不断积累表现为宏观破坏，且计算单元考虑样品的非质性。

（2）以连续介质力学方法计算非连续介质，当样品单元应力达到破坏的准则发生破坏。

（3）样品的弹性模量和抗压强度服从正态分布、韦伯分布、均匀分布等，考虑单元性质为线弹 – 脆性或脆 – 塑性。

（4）样品的损伤量、声发射同破坏单元数成正比。

（5）样品的非均匀性通过单元力学参数分布表示，样品具有软化或弱化关系的非线性性质，且样品破坏单元的力学特性变化是不可逆的。

2. RFPA^{2D}–Flow 渗流版基本假设

RFPA^{2D}–Flow 渗流版基本假设如下：

（1）样品结构是非均匀的，其细观单元体的损伤参量满足一定的概率（Weibull）分布。

（2）样品损伤破裂后渗透率发生增大，细观单元体弹性状态下满足渗透率–应力应变函数关系。

（3）样品中细观单元体具有残余强度，最大拉应变和Mohr–Coulomb 准则为损伤的判断依据。

（4）样品的力学行为可以用弹性损伤理论描述，其渗流过程满足比奥固结理论和修正的 Terzaghi 有效应力原理。

3. RFPA^{2D}–Flow 渗流版基本原理及主要流程

1）基本原理

（1）基于弹性损伤理论。RFPA^{2D}–Flow 是以弹性力学为基础的应力分析工具，以弹性损伤理论及 Coulomb 破坏准则为介质变形和破坏分析模块的破裂过程分析系统。假设大量细观基元组成材料介质模型，且材料介质是各向同性的弹–塑性介质；假定细观基元的力学性质服从 weibull 等统计分布，在此基础上建立细观与宏观介质力学性能的联系；采用基元线弹性应力、应变求解方法分析应力–应变状态；引入适当的基元破坏准则，基元的相变临界点用 Coulomb 准则；细观基元相变前后均为线弹性体，并忽略因快速扩展引起的惯性力的影响。

（2）网格划分。RFPA^{2D}–Flow 采用四边形单元剖分计算对象，将模型中的单元划分的足够小来达到计算结果的精确要求。同时，为了能足够精确地反映介质的非均匀性，作为子系统的单元实际上是一个自由度很大的系统，要求远大于微观尺度的细观尺度，尽管这样会增加计算量，但这会使问题的处理变得简单，而随着计算机的发展模拟计算量的问题也会迎刃而解。模拟时模型中的基元数量足够多，宏观的力学行为其实是大量细观力学行为的集体表现，每个基元的个体行为对宏观性能的影响却是有限的。

（3）应力计算。在 RFPA^{2D} – Flow 系统中，分析对象被离散成细观基元，为了计算各个基元的应力 – 应变状态，各基元之间需要符合力的平衡及应力 – 应变方程，而有限元是其中最理想的一种计算方法，它将介质离散成由许多有限大小的单元组成的结构体，然后通过力的平衡和几何等方程求解各个离散体的力学状态，RFPA^{2D} – Flow 系统就是利用有限元作为应力分析的求解器。

（4）相变分析。在 RFPA^{2D} – Flow 系统中，在通过应力求解器完成每个元素的应力和应变计算之后，软件便进入相变分析阶段，根据相变准则来检查各个基元是否有相变，并依据相变的类型对相变基元采用刚度特性弱化或刚度重建的办法进行处理，最后形成新的用于迭代计算的物理力学参数，在计算时相变分析和应力计算相互不影响。

2）主要流程

（1）选择基元类型，定义介质的力学性质，进行实体建模和网格划分。

（2）根据设定的控制参数和边界条件，结合基元性质数据形成刚度矩阵，进行应力计算。

（3）依据相变准则判断应力求解器产生的结果，对相变基元采用弱化处理，迭代计算刚度矩阵并形成数据文件，若出现位移增量，则进行应力计算并判断是否发生相变基元，如果存在相变基元，则需要再次对样品采用弱化处理，并进行应力计算，如果不存在相变基元，则需要继续增加位移增量。循环上述步骤，直至达到所施加的载荷使样品产生宏观破裂。RFPA 模拟软件整个工作流程如图 4 – 2 所示。

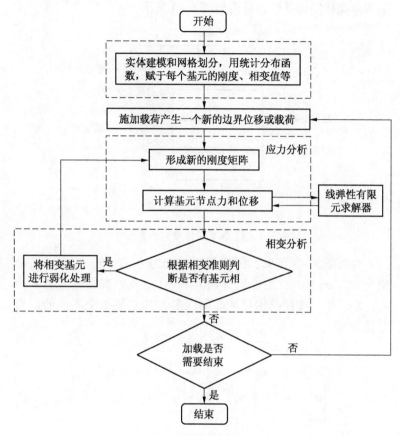

图 4-2　RFPA 程序流程图

4.2　含层理煤体层间受力分析

煤体是在漫长的地质年代过程中形成的，煤体中普遍存在裂隙构造，且煤体具有明显的分层性，国内外学者在研究煤体渗透率的时候大多忽略了层理的存在，但层理的存在会破坏煤层的连续性和整体性，最终会影响煤层中气体的流动。因此，掌握煤体层理层间的力学特性，对于深入理解煤体受载过程的变形破坏规律和煤体中气体的渗流特性具有重要的意义。含层理裂隙煤体层间受应力分析如图 4 - 3 所示。

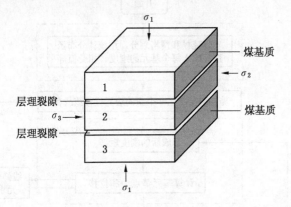

图 4 - 3　煤层层间受力示意图

分析图 4 - 3 可知，图中煤层分别为 1、2、3，应力载荷分别为 σ_1、σ_2、σ_3，泊松比分别为 υ_1、υ_2、υ_3，弹性模量分别为 E_1、E_2、E_3，按照莫尔强度准则煤层 1 和煤层 2 交界面的应力分量为

$$
\begin{cases}
\sigma_{1\#}^{(1)} = \sigma_1 \\
\sigma_{2\#}^{(1)} = -\eta_2^{(12)}\sigma_3 + (1+\eta_1^{(12)})\sigma_2 - \eta_3^{(12)}\sigma_1 \\
\sigma_{2\#}^{(1)} = (1+\eta_2^{(12)})\sigma_3 - \eta_2^{(12)}\sigma_2 - \eta_3^{(12)}\sigma_1 \\
\sigma_{1\#}^{(2)} = \sigma_1 \\
\sigma_{2\#}^{(2)} = \eta_2^{(12)}\sigma_3 + (1+\eta_1^{(12)})\sigma_2 + \eta_3^{(12)}\sigma_1 \\
\sigma_{2\#}^{(2)} = (1-\eta_1^{(12)})\sigma_3 + \eta_2^{(12)}\sigma_2 + \eta_3^{(12)}\sigma_1
\end{cases}
\tag{4-1}
$$

式中　　　　　　$\eta_{1,2,3}^{(12)}$——关于 E、υ 的煤体物质材料函数；

上标（1）（2）——层理面分层；

上标（12）——1、2 分层的交界面；

#——1、2 分层的交界面。

同理，可以推导出 2、3 分层交界面的应力表达式。

煤体层理裂隙面交界处的应力分布和变化比较复杂，层理裂隙面的变化影响着煤体的变形和裂隙的萌生、扩展及贯通，层理裂隙面的变化也影响着煤体中气体渗流场的分布，最终导致煤体渗透率的变化。煤体在加载过程中大多处于压剪破坏状态，当煤体层理裂隙面受到压剪应力作用时，裂隙萌生扩展模型如图 4-4 所示。

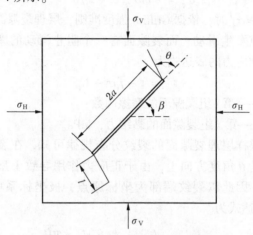

图 4-4　压剪应力作用下裂隙起裂模型

当层理裂隙面加载时，$\mu = 0$，τ、σ_s、σ_τ 的表达式分别为

$$\begin{cases} \tau = 0.5(\sigma_1 - \sigma_3)\sin2\beta \\ \sigma_s = 0.5[(\sigma_1 + \sigma_3) + (\sigma_1 - \sigma_3)\cos2\beta] \\ \sigma_\tau = 0.5[(\sigma_1 + \sigma_3) - (\sigma_1 - \sigma_3)\cos2\beta] \end{cases} \quad (4-2)$$

式中　τ——层理裂隙面上的剪应力，MPa；

　　　σ_s——法向应力，MPa；

　　　σ_τ——切向应力，MPa。

其中，层理裂隙面应力场的表达式为

$$\begin{cases} \sigma_x = -\left(\cos\dfrac{\theta}{2}\right)\dfrac{qa^2}{2}\sqrt{\dfrac{a}{2r}} \\ \sigma_y = \left(\cos\dfrac{\theta}{2}\right)\dfrac{qa^2}{4}\sqrt{\dfrac{a}{2r}} \\ \tau_{xy} = -\left(\sin\dfrac{\theta}{2}\right)qa^2\sqrt{\dfrac{a}{2r}} \end{cases} \quad (4-3)$$

当 q 为最大单轴抗压强度 σ_{max} 时，煤体将沿着层理裂隙面发生破坏，当 $\beta = 0$、$q = m\sigma_{max}$、$\alpha = a^{-1}b$，裂隙面周围切向正应力 σ_q 的表达式为

$$\sigma_q = - m\sigma_d (\alpha + 2) \alpha^{-1} \qquad (4-4)$$

当 $\sigma_x \geqslant \sigma_q$ 时，依据 Griffith 强度准则，层理裂隙面开裂。剪切力使裂隙发生滑动，而裂隙面有一个阻止滑动的摩擦力，因此有效滑动应力的表达式为

$$\tau' = \tau - f_i \sigma - C_i \qquad (4-5)$$

式中　f_i——第 i 组裂隙面的摩擦因数；

　　　C_i——第 i 组裂隙面的黏结力，MPa。

分析煤样层理裂隙面的裂纹分布规律可知，在裂纹尖端与原始裂纹呈 θ 角度方向上，由于正应力作用导致 I 型裂纹的萌生、扩展，因此以裂纹端部为坐标原点，极坐标系中 (r, θ) 处的 σ_θ 表达式为

$$\sigma_\theta = 1.5 \left(\sin\theta\cos\frac{\theta}{2} \right) \frac{\tau' \sqrt{\pi R}}{\sqrt{2\pi r}} \qquad (4-6)$$

式中　τ'——裂隙面的有效滑动应力；

　　　R——原始裂隙面的半迹长度。

在与主裂纹形成的 θ 角度方向上，当支裂的应力强度因子满足式 4-7 时，层理裂隙面开始扩展，这是理论判别煤体层理裂隙面的萌生、扩展及贯通的重要依据。

$$K_1 = 1.5 \left(\cos\frac{\theta}{2} \right) \tau' \sqrt{\pi R} > K_{1C} \qquad (4-7)$$

4.3　含层理煤体裂隙演化与渗流特性数值模拟

本节针对第三章渗透率演化的实验结果，利用 RFPA[2D] - Flow 渗流版模拟软件对预制不同层理煤体的萌生、扩展及贯通进行模拟分析。RFPA[2D] - Flow 渗流版模拟软件基于有限元和统计损伤理论，满足气体渗流场方程、煤体变形场方程和渗透率动态演化方程。

根据质量守恒定律、气体状态方程和连续性方程可以推导出以下结论。

（1）煤层气体的渗流场方程：

$$\alpha_p \nabla^2 (\lambda_i p) = \frac{\partial p}{\partial t} \qquad (4-8)$$

$$\alpha_p = 4A^{-1}p^{\frac{3}{4}}$$

式中　α_p——煤体贮气系数；

　　　A——煤层气体含量系数，$m^3(m^3 \cdot MPa^{\frac{1}{2}})$；

　　　p——煤层气体压力，MPa；

　　　λ_i——煤层透气性系数，$m^2/(MPa^2 \cdot d)$。

（2）煤体变形的本构方程：

$$(\kappa + G)u_{j,ji} + Gu_{i,jj} + f_i + (\alpha p)_i = 0 \qquad (4-9)$$

式中　κ——拉梅常数；

　　　G——剪切模量，GPa；

　　　u——煤岩体的变形位移，m；

　　　f_i——煤岩体的体积力分量，MPa；

　　　α——孔隙气体压力系数，且 $0 < \alpha < 1$；

　　　p——孔隙气体压力，MPa。

（3）应力–渗透率耦合方程：

根据煤体的变形和气体渗流之间的关系以及煤体渗透率的变化，基于有效应力原理，孔隙压力、应力与渗透率的耦合方程为

$$k(\sigma, p) = \xi k_0 \exp\left[-\beta\left(\frac{\sigma}{3} - \alpha p\right)\right] \qquad (4-10)$$

式中　k_0——初始渗透率，mD；

　　　k——渗透率，mD；

　　　ξ——煤体渗透率突变倍率（数值由实验确定）；

　　　β——耦合系数（数值由实验确定）；

　　　α——孔隙压力系数。

在遵循气体渗流场方程、煤体变形场方程和渗透率动态演化方程的基础上，选择与第三章应力路径 2 相同的边界条件进

行数值模拟。本模型长为 100 mm，宽为 50 mm，不同层理煤体中均预制 3 条层理裂隙面，其中垂直层理煤样层理裂隙面的长度为 30 mm，平行层理煤样层理裂隙面的长度为 50 mm，斜交层理煤样层理裂隙面的长度为 40 mm，与气体渗流方向的夹角分别为 90°、0°、60°，模型中应力分析模式采用二维平面应力，弹性模量、渗透率和抗压强度均按照 Weibull 分布。模拟开始时首先按照三向等压状态逐步施加三轴应力直至预定应力 $\sigma_1 = \sigma_2 = \sigma_3 = 2$ MPa；保持 σ_2、σ_3 不变，以 0.1 MPa/step 速度进行加载，阶梯加载 σ_1 直至煤样破坏。垂直方向的应力加载为最大主应力 σ_1，煤样基元力学性质参数、控制参数等见表 4 – 1。

表 4 – 1　煤样力学参数和控制参数

参数名称	参数值	单　位
弹性模量	35000	MPa
抗压强度	28	MPa
泊松比	0.2	
摩擦角	30	(°)
拉压比	10	
透气性系数	1.2	$m^2/(MPa^2 \cdot d)$
孔隙压力系数	0.5	
气体含量系数	3	
耦合系数	0.2	
均值度	3	
视密度	1.41	N/mm^3
进气压力	1.0	MPa
最大拉应变系数	1.5	
最大压应变系数	200	

4.3.1 垂直层理煤样裂隙演化与渗流特性

1. 垂直层理煤样加载过程裂隙演化特征

垂直层理煤样在加载过程中裂隙演化规律如图4-5所示。图4-5中选取加载过程中最大主应力分别为4 MPa、8 MPa、16 MPa、20 MPa、24 MPa、28 MPa时的裂隙演化情况。

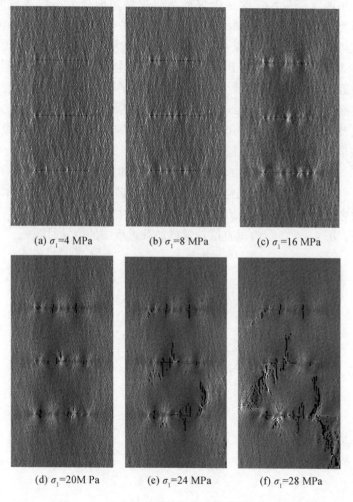

(a) σ_1=4 MPa   (b) σ_1=8 MPa   (c) σ_1=16 MPa

(d) σ_1=20M Pa   (e) σ_1=24 MPa   (f) σ_1=28 MPa

图4-5 垂直层理煤样加载过程裂隙演化分布

分析图4-5可以看出，垂直层理煤样在受载的过程中，随着最大主应力 σ_1 的逐渐加载，分别为4 MPa、8 MPa、16 MPa时，煤样受到应力的作用逐渐被压密，原始孔隙和层理裂隙面不断闭合，尤其以层理裂隙面附近的压密效果最明显。从图4-5c中可以看到最大主应力加载到16 MPa时，在层理裂隙面出现零星两点新裂纹，这是由煤样在层理裂隙面受力不均造成的，但此阶段仍然属于压缩裂隙变形阶段，渗透率仍然会缓慢降低，这与第三章的实验结果相吻合。当最大主应力继续加载到24 MPa时，煤样开始出现明显的破坏，主要出现在层理裂隙面附近，这时可以明显看到较多的新裂隙产生，而且裂隙和裂纹逐渐由小变大，由少到多逐渐萌生、扩展。当最大主应力加载到28 MPa时，原始的孔隙裂隙、层理裂隙面和新萌生的裂隙进一步扩展，局部区域出现贯通，而且煤样的破坏越来越严重。

2. 垂直层理煤样加载过程声发射规律

声发射监测技术逐渐成为监测煤体破坏变形的重要技术手段之一，在垂直层理煤样进行加载过程中对声发射信号进行监测，图4-6所示为垂直层理煤样加载过程中的声发射图。

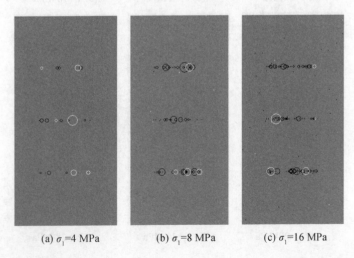

(a) σ_1=4 MPa   (b) σ_1=8 MPa   (c) σ_1=16 MPa

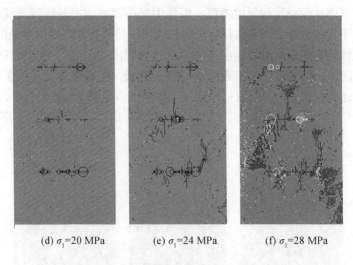

(d) $\sigma_1=20$ MPa   (e) $\sigma_1=24$ MPa   (f) $\sigma_1=28$ MPa

图4-6　垂直层理煤样加载过程声发射图

　　图中灰度颜色表示弹性模量的大小，颜色越浅，数值越大，反之越小；图中白点表示煤样当前的抗压破坏，黑点表示煤样的最终破坏，红点表示煤样当前的抗拉破坏。分析图4-6可知，垂直层理煤样的抗压、抗拉破坏主要出现在预制层理裂隙面附近，这些层理裂隙面也是煤样新裂隙、新裂纹扩展和贯通的通道，在煤样经历压密阶段、弹性阶段直到煤样破坏的塑性阶段，声发射信号逐渐增加，且声发射信号主要在层理裂隙面的两端和周围增加，这与第二章单轴实验的声发射规律基本一致，进一步对比分析图4-5和图4-6可知声发射信号分布与煤样裂隙演化规律基本一致。

　　3. 垂直层理煤样加载过程气体渗流压力场

　　煤样中裂隙演化对气体渗流有重要的影响，垂直层理煤样加载过程中气体渗流压力场如图4-7所示。

　　分析图4-7可以看出，垂直层理煤样在加载的过程中，气体渗流压力场随着应力场的变化而变化，在随着最大主应力的逐渐加载，在最大主应力为4 MPa、8 MPa、16 MPa时，煤样中的气体比较稳定均匀地渗流，煤样中气体渗流压力场梯度曲线接近于直线分布。随着煤样出现明显破坏，局部区域出现明显裂隙、裂纹的贯通，此时煤样中气体渗流压力场出现明显的变化，气体渗流压力场梯度曲线出现明显的波折跳跃，尤其是在出现新裂隙的地方，由于裂隙的贯通导致气体渗流压力场梯度变化最显著。

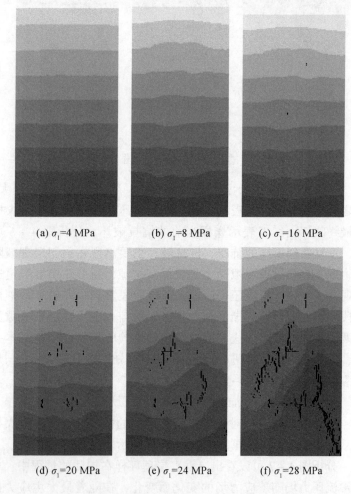

(a) σ_1=4 MPa   (b) σ_1=8 MPa   (c) σ_1=16 MPa

(d) σ_1=20 MPa   (e) σ_1=24 MPa   (f) σ_1=28 MPa

图 4-7 垂直层理煤样加载过程气体渗流压力场

4.3.2 平行层理煤样裂隙演化与渗流特性

1. 平行层理煤样加载过程裂隙演化特征

平行层理煤样在加载过程中裂隙演化规律如图 4-8 所示。图 4-8 中选取加载过程中最大主应力分别为 4 MPa、8 MPa、16 MPa、20 MPa、22 MPa、24 MPa 时的裂隙演化情况。

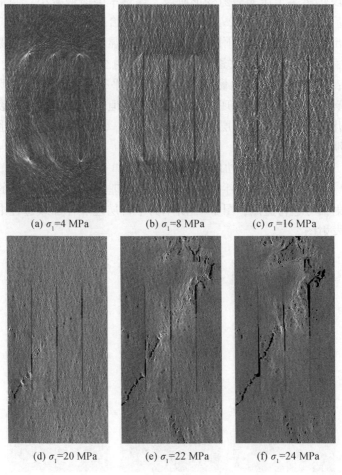

(a) σ_1=4 MPa　　　(b) σ_1=8 MPa　　　(c) σ_1=16 MPa

(d) σ_1=20 MPa　　　(e) σ_1=22 MPa　　　(f) σ_1=24 MPa

图 4-8　平行层理煤样加载过程裂隙演化分布

分析图 4-8 可以看出，平行层理煤样在受载的过程中，煤样随着应力的不断加载而被逐渐压密，原始孔隙和层理裂隙面不断闭合，尤其以层理裂隙面附近的压密效果最明显，这与垂直层理煤样的裂隙演化规律基本一致；当最大主应力加载到 16 MPa 时，在预制的层理裂隙面附近出现一些零星新裂纹，此阶段仍然属于压缩裂隙变形阶段，渗透率会缓慢减小；当最大主应力继续加载到 22 MPa 时，煤样开始出现明显的破坏，主要出现在层理裂隙面附近，这时可以明显看到较多的新裂隙产生，而且裂隙和裂纹逐渐由小变大，由少到多逐渐萌生、扩展；当最大主应力加载到 24 MPa 时，平行层理煤样出现明显的破坏，局部区域出现裂隙贯通情况，但平行层理煤样的裂隙演化扩展规律与垂直层理煤样完全不同，最终煤样的破坏形态也明显不同。

2. 平行层理煤样加载过程声发射规律

利用声发射技术手段，针对平行层理煤样加载过程中的声发射信号进行监测，图 4-9 所示为平行层理煤样加载过程中的声发射图。

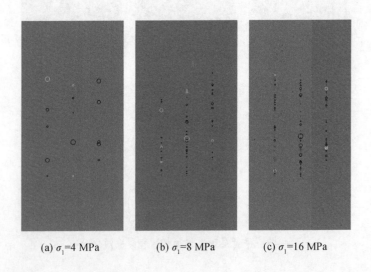

(a) σ_1=4 MPa   (b) σ_1=8 MPa   (c) σ_1=16 MPa

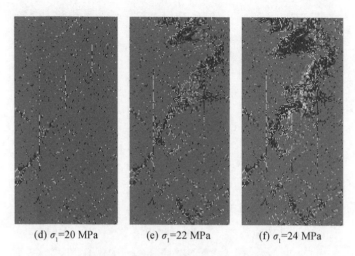

(d) σ_1=20 MPa   (e) σ_1=22 MPa   (f) σ_1=24 MPa

图 4 - 9　平行层理煤样加载过程声发射图

分析图 4 - 9 可以看出，平行层理煤样随着应力的不断加载，声发射信号逐渐增加，当最大主应力加载初期，声发射信号主要分布在预制的层理裂隙面附近，但此阶段没有出现抗压破坏；当最大主应力加载到 22 MPa 时，煤样的抗压破坏逐渐增加，且煤样的抗压、抗拉破坏也主要出现于预制层理裂隙面附近；当最大主应力加载到 24 MPa 时，煤样的声发射信号明显增加，煤样的抗压破坏点明显比抗拉破坏点多，且大致沿着预制层理裂隙面裂隙演化方向分布，平行层理煤样经历压密阶段、弹性阶段直到煤样破坏的塑性阶段，声发射信号逐渐增加趋势与垂直层理煤样的规律一致。

3. 平行层理煤样加载过程气体渗流压力场

煤样中裂隙演化对气体渗流有重要的影响，平行层理煤样加载过程中气体渗流压力场如图 4 - 10 所示。

分析图 4 - 10 可以看出，平行层理煤样在应力加载的初期，由于此阶段属于压密阶段，煤样没有出现破坏，该阶段的气体渗流压力场分布比较均匀，这与垂直层理煤样一样，随着煤样应力在不断加载的过程中，气体渗流压力场随着应力场的变化

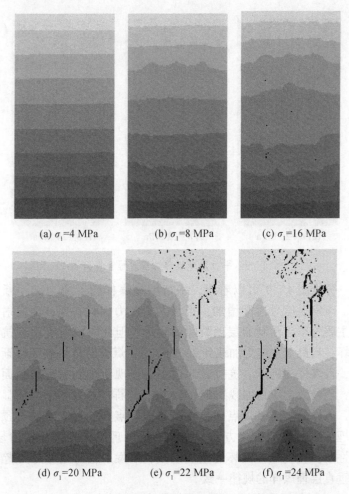

(a) σ_1=4 MPa   (b) σ_1=8 MPa   (c) σ_1=16 MPa

(d) σ_1=20 MPa   (e) σ_1=22 MPa   (f) σ_1=24 MPa

图 4-10　平行层理煤样加载过程气体渗流压力场

而变化；当最大主应力加载到 16 MPa 时，由于出现零星的裂纹，在裂纹出现的地方气体渗流压力场梯度曲线发生明显变化，呈凹凸不平的波浪状分布；当最大主应力加载到 24 MPa 时，煤样出现明显破坏，局部区域出现明显裂隙、裂纹的贯通，此时煤样中气体渗流压力场变化更加明显，尤其是在煤样中出现新裂隙的区域。

4.3.3 斜交层理煤样裂隙演化与渗流特性

1. 斜交层理煤样加载过程裂隙演化特征

斜交层理煤样在加载过程中裂隙演化规律如图 4 – 11 所示。图 4 – 11 中选取加载过程中最大主应力分别为 4 MPa、8 MPa、16 MPa、18 MPa、20 MPa、22 MPa 时的裂隙演化情况。

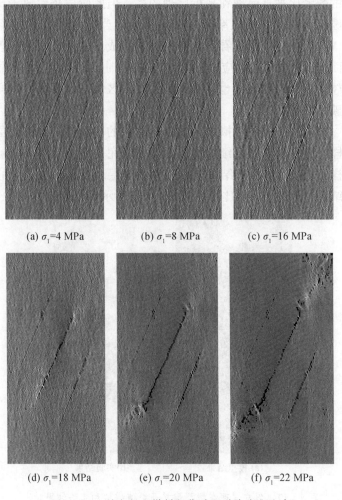

(a) σ_1=4 MPa　　　(b) σ_1=8 MPa　　　(c) σ_1=16 MPa

(d) σ_1=18 MPa　　　(e) σ_1=20 MPa　　　(f) σ_1=22 MPa

图 4 – 11　斜交层理煤样加载过程裂隙演化分布

分析图 4-11 可以看出，斜交层理煤样在受载过程中，最大主应力小于 8 MPa 时的裂隙演化规律与垂直层理、平行层理有相同的特征，斜交层理煤样随着最大主应力的加载而逐渐压密闭合，此阶段会导致煤样的渗透率逐渐降低；当最大主应力加载到 16 MPa 时，煤样层理裂隙面周围出现了一些新裂纹，裂纹的数量比垂直层理和平行层理的多，但此阶段仍然属于压缩裂隙变形阶段，渗透率仍然缓慢降低；当最大主应力加载到 20 MPa时，可以明显看到大量的裂隙生成，主要出现在层理裂隙面附近；当最大主应力加载到 22 MPa 时，裂隙和裂纹数量越来越多，裂隙的宽度也越来越大，局部区域出现贯通，煤样呈现破坏状态。

为进一步验证模拟结果和实验结果的一致性，将斜交层理煤样的最大主应力继续加载，直至煤样完全破坏，将斜交层理煤样完全破坏的模拟结果与第三章斜交层理煤样加载破坏的实验结果进行对比，对比结果如图 4-12 所示。

(a) 模拟结果　　　　　(b)实验结果

图 4-12　斜交层理煤样裂隙贯通数值模拟和实验结果对比

分析图 4 - 12 可知，斜交层理煤样在最大主应力逐渐加载到煤样破坏的模拟结果与实验结果基本一致，均沿着预制层理裂隙面的方向发生剪切破坏，并在层理裂隙面上变形错移。

2. 斜交层理煤样加载过程声发射规律

针对斜交层理煤样加载过程中的声发射进行监测，图 4 - 13 所示为斜交层理煤样最大主应力加载过程中的声发射图。

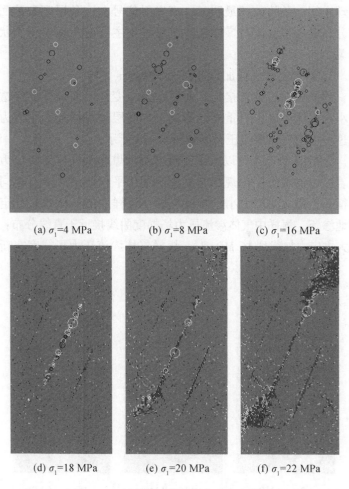

(a) σ_1=4 MPa　　　(b) σ_1=8 MPa　　　(c) σ_1=16 MPa

(d) σ_1=18 MPa　　　(e) σ_1=20 MPa　　　(f) σ_1=22 MPa

图 4 - 13　斜交层理煤样加载过程声发射图

分析图 4 - 13 可以看出，斜交层理煤样在加载过程中的声发射信号分布呈现一定的规律性，基本沿着层理裂隙面方向发展；在斜交层理煤样的最大主应力小于 16 MPa 时，声发射信号相对较少，随着煤样逐渐进入塑性破坏阶段，声发射信号逐渐增加，且在层理裂隙面附近增加的更明显；进一步分析图 4 - 13e 和图 4 - 13f 发现，斜交层理煤样在塑性破坏阶段，3 条预制层理中间 1 条的破坏最明显，声发射信号在这条层理裂隙面上的分布也最多，这与煤样在加载过程中主要处于剪切压力状态有关。

3. 斜交层理煤样加载过程气体渗流压力场

煤样裂隙演化直接导致渗透率发生变化，而煤样的渗透率大小对气体渗流也有重要的影响，斜交层理煤样最大主应力加载过程中的气体渗流压力场如图 4 - 14 所示。

分析图 4 - 14 可以看出，斜交层理煤样的气体渗流压力场随着应力加载的变化规律与垂直层理、平行层理煤样有相同的特征；当最大主应力小于 8 MPa 时，煤样中的气体比较稳定均匀地渗流，煤样中气体渗流压力场梯度曲线接近于直线分布；当最大主应力加载到 16 MPa 时，煤样气体渗流压力场梯度在新裂

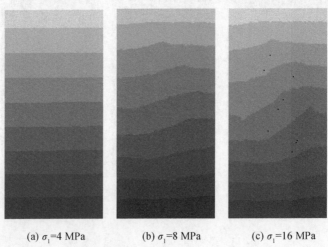

(a) σ_1=4 MPa   (b) σ_1=8 MPa   (c) σ_1=16 MPa

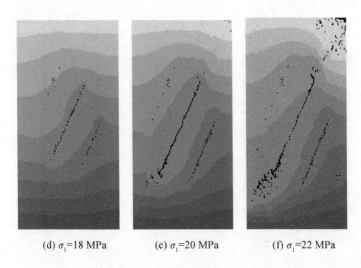

(d) σ_1=18 MPa　　　(e) σ_1=20 MPa　　　(f) σ_1=22 MPa

图4-14　斜交层理煤样加载过程气体渗流压力场

纹出现的地方变化明显；当最大主应力加载到 22 MPa 时，煤样出现明显破坏，局部区域出现明显裂隙、裂纹的贯通，煤样中气体渗流压力场沿着预制层理裂隙面的方向发生明显变化。

4.4　模拟结果分析

通过对预制垂直、平行和斜交层理煤样在加载过程中的裂隙演化规律、声发射特征和气体渗流压力场进行了研究，不同层理煤样随着层理面的演化特性和经历的阶段具有一些相同的特征，不同层理煤样在加载的过程中经历了孔隙、裂隙压密阶段、弹性阶段、初始损伤及扩展阶段、裂隙贯通阶段。在加载的过程中，裂隙、裂纹主要发生在预制层理面周围，随着应力的不断加载，煤样内的裂隙、裂纹越来越发育，破坏区域也越来越大，最终使煤样完全破坏。但是不同层理煤样随着预制层理面的裂隙演化最终形态有较大差别，不同层理煤样裂隙演化规律、声发射特征和气体渗流压力场如图4-15至图4-17所示。

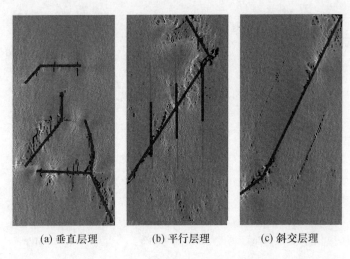

(a) 垂直层理   (b) 平行层理   (c) 斜交层理

图 4 - 15　不同层理煤样加载过程裂隙演化规律

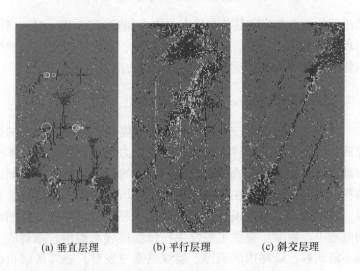

(a) 垂直层理   (b) 平行层理   (c) 斜交层理

图 4 - 16　不同层理煤样加载过程声发射图

分析图 4 - 15 至图 4 - 17 可知，不同层理煤样在应力加载的过程中均处于剪切状态，垂直、平行和斜交层理煤样均以剪切破坏为主。在加载的过程中，裂隙、裂纹主要发生在预制层理

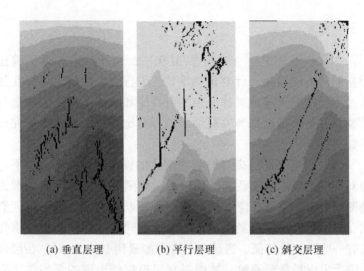

(a) 垂直层理　　　　　(b) 平行层理　　　　　(c) 斜交层理

图 4 – 17　不同层理煤样加载过程气体渗流压力场

面周围，且煤样的损伤变形和裂隙的贯通也主要分布于层理面附近。声发射图中垂直层理煤样的抗压、抗拉破坏主要出现在预制层理裂隙面附近，在煤样经历压密阶段、弹性阶段直到煤样破坏的塑性阶段，声发射信号逐渐增加，且声发射信号主要在层理裂隙面的两端和周围增加，但平行层理煤样此阶段没有出现明显的抗压破坏；斜交层理煤样的 3 条预制层理中间 1 条的破坏最明显，声发射信号在这条层理裂隙面上的分布也最多，斜交层理煤样完全破坏的模拟结果与试验结果基本吻合。不同层理煤样的气体渗流压力场均随着应力场的变化而变化，在应力加载的初期，煤样中的气体比较稳定均匀地渗流，煤样中气体渗流压力场梯度曲线接近于直线，随着应力的加载，煤样出现零星的裂纹，在裂纹出现的地方气体渗流压力场梯度曲线发生明显变化，气体渗流压力场随着裂隙的变化而不断变化，呈凹凸不平的波浪状分布，煤样出现明显破坏时，其气体渗流压力场变化更加明显，尤其是在出现新裂隙的区域。

4.5 本章小结

本章利用 RFPA^{2D} – Flow 模拟软件，选择与第 3 章实验过程相同的力学路径，针对预制垂直、平行和斜交层理煤样在加载过程中的裂隙演化规律、声发射特征和气体渗流压力场进行研究，并将模拟结果和实验结果进行对比分析。其主要研究成果如下：

（1）根据不同层理煤样裂隙演化的模拟结果，垂直、平行和斜交层理煤样在加载的初始阶段，均随着应力的不断加载而被逐渐压密，原始孔隙和层理裂隙面不断闭合，尤其以层理裂隙面附近的压密效果最明显，此阶段不同层理煤样的裂隙演化具有一些相似的特征。当最大主应力加载到 16 MPa 时，在层理裂隙面出现零星新裂纹，其中斜交层理煤样出现的新裂纹比垂直层理和平行层理的煤样多一点，此阶段出现裂纹是由于煤样在层理裂隙面受力不均造成的，但此阶段仍然属于压缩裂隙变形阶段，渗透率仍然会缓慢降低，这与第 3 章的实验结果相吻合；垂直、平行和斜交层理煤样最大主应力分别加载到 24 MPa、22 MPa、20 MPa 时，煤样开始出现明显的破坏，主要出现在层理裂隙面附近，这时可以明显看到较多的新裂隙产生，而且裂隙和裂纹逐渐由小变大，由少到多逐渐萌生、扩展。当最大主应力分别加载到 28 MPa、24 MPa、22 MPa 时，不同层理煤样原始的孔隙裂隙、层理裂隙面和新萌生的裂隙进一步扩展，局部区域出现贯通，而且煤样的破坏越来越严重。

（2）声发射图中垂直层理煤样的抗压、抗拉破坏主要出现在预制层理裂隙面附近，这些层理裂隙面也是煤样新裂隙、新裂纹扩展和贯通的通道，在煤样经历压密阶段、弹性阶段直到煤样破坏的塑性阶段，声发射信号逐渐增加，且声发射信号主要在层理裂隙面的两端和周围增加，这与第 2 章的单轴实验的声发射规律基本一致，且声发射信号分布趋势与煤样裂隙演化规律基本一致。

平行层理煤样随着应力的不断加载，声发射信号逐渐增加，在应力加载初期，声发射信号主要分布在预制的层理裂隙面附近，但此阶段没有出现明显的抗压破坏；当最大主应力加载到 22 MPa 时，煤样的抗压破坏逐渐增加，且煤样的抗压、抗拉破坏也主要出现于预制层理裂隙面附近；当最大主应力加载到 24 MPa 时，煤样的声发射信号明显增加，煤样的抗压破坏点明显比抗拉破坏点多，且大致沿着预制层理裂隙面裂隙演化方向分布，平行层理煤样经历压密阶段、弹性阶段直到煤样破坏的塑性阶段，声发射信号逐渐增加趋势与垂直层理煤样的规律一致。

斜交层理煤样在加载过程中的声发射信号分布呈现一定的规律性，基本沿着层理裂隙面方向发展；在斜交层理煤样的最大主应力小于 16 MPa 时，声发射信号相对较少，随着煤样逐渐进入塑性破坏阶段声发射信号逐渐增加，且在层理裂隙面附近增加的更明显；斜交层理煤样在塑性破坏阶段，3 条预制层理中间 1 条的破坏最明显，声发射信号在这条层理裂隙面上的分布也最多，这与煤样在加载过程中处于剪切压力状态有关。

（3）垂直、平行和斜交层理煤样在加载的过程中，气体渗流压力场均随着应力场的变化而变化，随着最大主应力的逐渐加载，在最大主应力小于 8 MPa 时，煤样中的气体比较稳定均匀的渗流，煤样中气体渗流压力场梯度曲线接近于直线分布。当最大主应力加载到 16 MPa 时，煤样出现零星的裂纹，在裂纹出现的地方气体渗流压力场梯度曲线发生明显变化，气体渗流压力场随着裂隙的变化而不断变化，呈凹凸不平的波浪状分布，平行、斜交层理比垂直层理更明显；随着应力的进一步加载，煤样出现明显破坏，局部区域出现明显裂隙、裂纹的贯通，此时煤样中气体渗流压力场变化更加明显，尤其是在煤样中出现新裂隙的区域，垂直、平行和斜交层理煤样出现明显破坏时的最大主应力分别为 28 MPa、24 MPa、22 MPa。

5 真三轴载荷煤体渗透率
动态演化模型

　　我国大部分煤田煤层为低渗透性煤层，渗透率普遍较低，目前对低渗透性煤层进行瓦斯抽采是预防煤矿瓦斯灾害的有效途径，而渗透率是反映煤层内瓦斯渗流难易程度和瓦斯抽采的重要参数，也是煤层气产量预测和实际开采的重要指标。针对复杂的煤层瓦斯渗流特性通过构建简化的数学模型进行描述，是国内外学者研究受载煤体渗透率模型的热点和难点之一。本章在第 3 章真三轴条件下载荷煤体渗流特性实验和第 4 章裂隙演化数值模拟的基础上，根据载荷煤体的损伤变形和渗流特性，构建了真三轴载荷煤体的渗透率动态演化模型，为第 6 章抽采钻孔周围煤体流固耦合模型的建立提供理论基础。

5.1　载荷煤体孔隙率演化模型

5.1.1　研究现状分析

　　煤体孔隙率是影响瓦斯吸附、瓦斯渗流的重要因素，尤其是有效孔隙率对煤体渗流特性的影响更大，因此构建更接近实际情况的煤体孔隙率演化模型至关重要。目前，许多学者在煤体孔隙率演化模型的研究方面做了大量的工作，1997 年，冉启全等从孔隙率基本定义出发，结合体积应变的概念，构建了孔隙率的动态模型，其表达式为

$$\varphi = \frac{1}{1+e}\{\varphi_0 + e - (1-\varphi_0)\gamma\Delta T\} \qquad (5-1)$$

式中　φ、φ_0——最终孔隙率和初始孔隙率，%；

　　　　e——体积应变；

γ——热膨胀系数，$m^3/(m^3 \cdot K)$；

ΔT——温度变化，K。

2002 年，卢平等从孔隙率和体积应变的定义出发，建立了受载煤体的孔隙率模型，其表达式为

$$\varphi = \frac{1}{1+e}(\varphi_0 + e) \qquad (5-2)$$

2003 年，李培超等在完善油藏系统的孔隙率动态模型的基础上，同时考虑温度效应和孔隙压力效应的影响，建立了孔隙率动态模型，其表达式为

$$\varphi = 1 - \frac{(1-\varphi_0)\left(\dfrac{1-\Delta p}{K_s + \beta_s \Delta T}\right)}{1+e} \qquad (5-3)$$

式中　K_s——煤颗粒的体积模量，GPa；

　　　β_s——热膨胀系数，$m^3/(m^3 \cdot K)$；

　　　Δp——孔隙气体压力变化，MPa。

2005 年，李祥春等分析了煤体瓦斯吸附变形特性，建立了基于煤体吸附变形的孔隙率演化模型，其表达式为

$$\varphi = \frac{\varphi_0 + e - \dfrac{aKRT}{V_0}\ln(1+bp)}{1+e} \qquad (5-4)$$

式中　K——比例系数；

　　　V_0——气体摩尔体积，取 22.4 L/mol；

　　　R——普适气体常数，8.314 J/(mol·K)；

　　　T——绝对温度，K；

　　　p——瓦斯压力，MPa；

　　　a——煤的极限吸附量，m^3/t；

　　　b——煤的吸附常数，MPa^{-1}。

2009 年，陶云奇等同时考虑有效应力、温度、瓦斯压力的作用，建立了受载煤体压缩条件下的孔隙率动态演化模型，其表达式为

$$\varphi = 1 - \frac{1-\varphi_0}{\exp(-K_Y\Delta\sigma')}\left\{1 + \beta\Delta T - K_Y\Delta p + \frac{2a\rho K_Y RT\ln(1+bp)}{3V_m(1-\varphi_0)}\right\}$$

$$(5-5)$$

式中　K_Y——体积压缩系数，MPa^{-1}；

　　　ρ——煤的视密度，kg/m^3；

　　　V_m——摩尔体积，取 22.4 L/mol。

2013 年，李波等分析了受载煤体的吸附膨胀变形、孔隙气体压缩变形和温度效应变形，从孔隙率的定义出发，建立了受载煤体的孔隙率演化模型，其表达式为

$$\varphi = 1 - \frac{1-\varphi_0}{1+\varepsilon_v}\left\{1 \pm \beta\Delta T - K_Y\Delta p + \right.$$

$$\left. \frac{2a_2\rho_v K_Y RT[\ln(1+bp) - \ln(1+bp_0)]}{9V_m(1-\varphi_0)}\right\} \qquad (5-6)$$

式中　β——热膨胀系数，$m^3/(m^3\cdot K)$；

　　　a_2——煤的极限吸附量，m^3/t；

　　　ρ_v——煤的视密度，kg/m^3；

　　　ε_v——体积应变。

2015 年，徐超等在同时考虑有效应力、吸附膨胀变形和热膨胀变形的基础上，建立了弹性变形煤体孔隙率演化模型，其表达式为

$$\varphi = \varphi_0 - \frac{\alpha}{K}[(\bar{\sigma} - \bar{\sigma}_0) - (p - p_0)] - f_m\left\{\beta\Delta T + \right.$$

$$\left. \frac{2a\rho RT[\ln(1+bp) - \ln(1+bp_0)]}{3V_m K}\right\} \qquad (5-7)$$

式中　$\bar{\sigma}$——平均外应力，MPa；

　　　f_m——定值，$0 < f_m < 1$。

5.1.2　孔隙率动态演化模型

在未受采动影响的原始受载煤体，其孔隙率是恒定不变化的，但受到采动或抽采的影响后，煤体发生了复杂的应力—应

变过程，其孔隙率是动态变化的，孔隙率的变化过程是随着应力—应变发生变化的动态过程。

假设煤体中仅有饱和的瓦斯流体，体积变化后孔隙率可定义为

$$\varphi = \frac{V_p}{V_G} = \frac{V_{po} + \Delta V_p}{V_{Go} + \Delta V_G} = \frac{(V_{Go} + \Delta V_G) - (V_{so} + \Delta V_s)}{V_{Go} + \Delta V_G}$$

$$= 1 - \frac{V_{so}\left(1 + \dfrac{\Delta V_s}{V_{so}}\right)}{V_{Go}\left(1 + \dfrac{\Delta V_G}{V_{Go}}\right)} = 1 - \frac{1 - \varphi_0}{1 + \varepsilon_v}\left(1 + \frac{\Delta V_s}{V_{so}}\right) \qquad (5-8)$$

式中　　V_p——煤的孔隙体积；

$\quad\quad\quad V_G$——煤的总体积；

$\quad\quad\quad V_{po}$——煤的初始孔隙体积；

$\quad\quad\quad \Delta V_p$——煤的孔隙体积变化量；

$\quad\quad\quad V_{Go}$——煤的初始总体积；

$\quad\quad\quad \Delta V_G$——煤的总体积变化量；

$\quad\quad\quad \Delta V_s$——煤骨架的体积变化量；

$\quad\quad\quad V_{so}$——煤骨架的初始体积；

$\quad\quad\quad V_s$——煤骨架的体积；

$\quad\quad\quad \varepsilon_v$——煤的体积应变；

$\quad\quad\quad \varphi_0$——煤的初始孔隙率。

煤体的变质程度、煤体中瓦斯的吸附膨胀、瓦斯压力等因素对渗透率的影响，首先是由煤体孔隙率的作用造成的，煤体孔隙率的大小对渗透率有重要影响。查阅相关的文献可知，瓦斯吸附膨胀变形和瓦斯压力压缩变形为煤体受到载荷后的主要变形。

1. 瓦斯吸附膨胀变形

煤体中瓦斯的吸附膨胀会导致煤体膨胀变形，还会引起煤基质表面张力的降低，吸附膨胀后产生的应力形成膨胀能。膨胀能与瓦斯压力成正比关系，但存在一个临界值，超过该值后瓦斯压力的增加则会引起瓦斯吸附膨胀变形变化率降低。当煤

样受到载荷作用发生微裂隙后，瓦斯在压力梯度的作用下扩散并吸附，导致微裂隙进一步演化和扩展，使煤体的强度降低，但增加了煤体的脆度，同时由于吸附膨胀应力的作用使煤体更易破裂。

1996 年，Levine 等首次提出煤基质的吸附膨胀变形可由 Langmuir 吸附应变方程来定义：

$$\varepsilon_s = \frac{\varepsilon_L p}{p_L + p} \qquad (5-9)$$

式中　ε_L——煤基质最大限度吸附的体积应变；

　　　p_L——体积应变等于 50% ε_L 时的气体压力，MPa；

　　　p——气体压力，MPa。

瓦斯主要以游离态和吸附态存在于煤体中，而吸附态瓦斯占 90% 以上。当瓦斯气体分子被煤体分子吸附后，煤体会发生膨胀变形，煤体的表面张力也随之降低。煤体表面超量根据表面物理化学原理可表示为

$$\Gamma = \frac{V}{V_m S} \qquad (5-10)$$

式中　Γ——煤体表面超量，mol/m²；

　　　V——煤体总吸附量；

　　　V_m——瓦斯气体摩尔体积，取 22.4L/mol；

　　　S——煤体比表面积，m²。

煤体瓦斯的吸附过程可以用 Gibbs 吸附方程来定义：

$$\pi = RT \int_0^p \Gamma d(\ln p) \qquad (5-11)$$

式中　π——煤体表面张力变化，MPa；

　　　R——摩尔气体常数，8.314 J/(mol·K)；

　　　T——绝对温度，K。

根据 Banghams 理论，结合式 (5-11)，煤体的膨胀线变形可以定义为

$$\varepsilon_l = \eta\pi = \eta RT \int_0^p \Gamma d(\ln p) \qquad (5-12)$$

式中 ε_l——煤体的膨胀线变形；

η——煤基质的吸附常数。

1946 年，Maggs 等结合煤基质的物理力学特性，将煤基质的吸附常数 η 定义为

$$\eta = \frac{S\rho_s}{E_0} \tag{5-13}$$

式中 E_0——煤体瓦斯吸附引起的膨胀模量，MPa；

ρ_s——煤的视密度，kg/m^3。

联立式（5-12）和式（5-13）可得

$$\varepsilon_l = \frac{\rho_s RT}{E_0 V_m} \int_0^p V d(\ln p) \tag{5-14}$$

Langmuir 吸附平衡方程为

$$V = \frac{abp}{1 + bp} \tag{5-15}$$

式中 a——单位质量煤的极限吸附量，m^3/t；

b——煤的吸附常数，MPa^{-1}。

将式（5-15）代入式（5-14）中，可得

$$\varepsilon_l = \frac{a\rho_s RT}{E_0 V_m} \ln(1 + bp) \tag{5-16}$$

煤体吸附瓦斯产生的膨胀体变形等于 3 倍的煤体膨胀线变形，因此煤体膨胀体变形可以定义为

$$\varepsilon_s = 3\varepsilon_l = \frac{3a\rho_s RT}{E_0 V_m} \ln(1 + bp) \tag{5-17}$$

2. 瓦斯气体压缩变形

在煤体吸附瓦斯产生膨胀体变形的同时，孔隙中的气体压力会阻止煤体发生变形，煤体在气体压力的作用下将逐渐压缩煤体，这在大量的实验中得到了验证，试验时煤体中气体压力的变化会引起围压的变化，因此基于体积应变的胡克定律，瓦斯气体压力产生的煤体压缩变形可以定义为

$$\varepsilon_p = -K_Y(p - p_0) \tag{5-18}$$

$$K_Y = \frac{3(1 - 2\nu)}{E}$$

式中 K_Y——体积压缩系数，MPa^{-1}；

　　p_0——大气压力，MPa。

式（5-8）中，煤基质体积变化等于瓦斯吸附膨胀变形量和瓦斯气体压缩变形量的代数和，其表达式为

$$\frac{\Delta V_s}{V_{so}} = \frac{\Delta V_{ss} + \Delta V_{sp}}{V_{so}} = \varepsilon_s + \varepsilon_p \qquad (5-19)$$

将式（5-17）、式（5-18）代入式（5-19）可得

$$\frac{\Delta V_s}{V_{so}} = \frac{3a\rho_s RT}{E_0 V_m}\ln(1 + bp) - K_Y(p - p_0) \qquad (5-20)$$

联立式（5-8）、式（5-17）、式（5-18）、式（5-20）可得载荷煤体的孔隙率动态演化模型为

$$\varphi = 1 - \frac{1 - \varphi_0}{1 + \varepsilon_v}\Big[1 + \frac{3a\rho_s RT}{E_0 V_m}\ln(1 + bp) - K_Y(p - p_0)\Big]$$

$$(5-21)$$

5.2　真三轴载荷煤体的有效应力方程

5.2.1　研究现状分析

大量研究表明，瓦斯压力的升高或者降低会导致煤骨架有效应力和煤体渗透率的变化，而煤体渗透率的改变也会导致煤体中瓦斯压力的重新分布，因此深入分析载荷煤体有效应力的作用机理至关重要。

有效应力也可以称为等效应力，分析有效应力是掌握多孔介质力学行为的重要手段，分析有效应力也是研究流固耦合的桥梁。1923 年，Karl Terzaghi 首次提出有效应力概念，早期有效应力分析主要用于土壤的应力作用，Terzaghi 定义的有效应力表达式为

$$\sigma' = \sigma - p \qquad (5-22)$$

式中 σ'——有效应力（作用于骨架上的应力），MPa；

σ——总应力，MPa；

p——流体的压力，MPa。

1941 年，Biot 首次建立了饱和流体的多孔介质理论。此后，国外许多学者多次对有效应力公式进行了修正，建立了适合岩石的有效应力公式：

$$\sigma' = \sigma - \alpha p \qquad (5-23)$$

式中　α——比奥（Biot）系数，$0 \leqslant \alpha \leqslant 1$。

1979 年，Ettinger 研究得到瓦斯吸附膨胀应力公式：

$$\sigma = K(V_0 - V) V_0^{-1} \qquad (5-24)$$

式中　V_0——煤体吸附膨胀前的体积；

　　　V——煤体吸附膨胀后的体积；

　　　K——体积模量。

1999 年，陈勉等在分析各向同性的基础上，建立了双重孔隙介质的有效应力公式：

$$\sigma' = \sigma - \alpha_1 p_1 - \alpha_2 p_2 \qquad (5-25)$$

式中　　p_1——孔隙的流体压力，MPa；

　　　　p_2——裂隙的流体压力，MPa；

　　α_1、α_2——比奥（Biot）系数。

2001 年，卢平研究了受载煤体的变形机制，考虑了吸附瓦斯和温度的影响，但忽略了煤体孔隙率的影响，得到本体有效应力公式：

$$\sigma'_p = \sigma - \varphi p \qquad (5-26)$$

结构有效应力公式为

$$\sigma'_s = \sigma - \varphi_c p \qquad (5-27)$$

式中　p——孔隙瓦斯压力，MPa；

　　　φ——煤体孔隙率，%；

　　　φ_c——煤基质孔隙度。

2003 年，李培超、孔祥言等认为多孔介质存在本体变形和结构变形，推导出双重有效应力公式，其中本体有效应力表达式为

$$\sigma = \sigma_e^p + \varphi p \tag{5-28}$$

结构有效应力表达式为

$$\sigma = \sigma_e^s + \varphi_c p \tag{5-29}$$

2005 年，吴世跃等在考虑吸附膨胀应力和有效应力，忽略温度影响的基础上，结合弹性力学和表面物理化学原理推导出煤岩体有效应力公式：

$$\sigma'_{ij} = \sigma_{ij} - \frac{2aRT\rho_s[1 - 2\nu\ln(1 + bp)]}{3V_m} \tag{5-30}$$

式中　σ'_{ij}——煤体骨架的有效应力，MPa；

　　　σ_{ij}——煤体总应力，MPa；

　　　ρ_s——煤的视密度，kg/m^3；

　　　ν——泊松比；

　　　a——单位质量煤的极限吸附量，m^3/t；

　　　b——煤的吸附常数，MPa^{-1}；

　　　R——摩尔气体常数，8.314 $J/(mol \cdot K)$；

　　　T——绝对温度，K；

　　　V_m——摩尔体积，取 22.4 L/mol。

2009 年，陶云奇等在假设煤粒本体变形是可逆的弹性过程基础上，考虑温度效应和有效应力等影响，推导出受载煤体的有效应力公式：

$$\begin{cases} \sigma' = \sigma_i - \alpha p \\ \alpha = \sigma(1 - \varphi)p^{-1} + \varphi \end{cases} \tag{5-31}$$

2009 年，蔡新树等在研究各向同性、各向异性多重孔隙介质的基础上，建立了各向异性的有效应力公式：

$$\sigma'_{ij} = \sigma_{ij} - \alpha_{ij}^1 p_1 - \alpha_{ij}^2 p_2 - \alpha_{ij}^3 p_3 \tag{5-32}$$

2010 年，海龙等在分析了损伤作用下有效应力定律的基础上，建立了结构、本体和损伤三种有效应力公式：

$$\begin{cases} \sigma'_p = \sigma - \varphi p \\ \sigma'_s = \sigma - \varphi_c p \\ \sigma'_b = \sigma - \varphi_b p \end{cases} \tag{5-33}$$

式中 φ_c——触点的孔隙率,%;

φ_b——损伤孔隙度。

2012 年, 祝捷等在考虑吸附膨胀的基础上, 推导出煤的有效应力公式, 其表达式为

$$\alpha = 1 - \frac{3K(1 - 2\nu_s)}{E_s}\left[1 - \frac{aRT\rho_s\ln(1 + bp)}{p(1 - \varphi)}\right] \quad (5-34)$$

式中 ν_s——煤骨架泊松比;

K——体积模量, GPa;

E_s——煤骨架的弹性模量, MPa。

2013 年, 李波等考虑孔隙压力、吸附膨胀应力和温度效应, 将变形分为本体变形、结构变形和损伤变形, 推导出有效应力公式:

$$\sigma'_{ij} = \sigma_{ij} - \left\{1 - \frac{1 - \varphi_0}{\exp(\beta\Delta T - K\Delta\sigma_e)}\times\right.$$

$$1 - K_Y(p - p_0) \pm \beta(T - T_0) +$$

$$\left.\left\{\frac{2a_2RT\rho_v K_Y[\ln(1 + bp) - \ln(1 + bp_0)]}{9V_m(1 - \varphi_0)}\right\}\right\}p \quad (5-35)$$

2013 年, 刘星光等在考虑煤体吸附膨胀变形及煤体损伤变形的基础上, 构建了载荷条件下的有效应力方程, 其表达式为

$$\sigma'_{ij} = \sigma_{ij} - p\left[1 - \frac{K(1 - D)^2}{K_m}\right]\delta_{ij} - \frac{2aRT\rho\ln(1 + bp)}{3V}\delta_{ij}$$

$$(5-36)$$

式中 K_m——煤颗粒的体积模量, GPa;

D——煤体损伤变量。

2014 年, 郭品坤等在推导出多孔介质体积应变和孔隙体积应变表达式的基础上, 代入 Betti – Maxwell 互等定理得到有效应力引起的体积变形表达式:

$$K_p = \frac{\varphi}{\alpha}K \quad (5-37)$$

式中　K_p——煤裂隙的体积模量，GPa；

　　　α——Biot 系数，$0 \leqslant \alpha \leqslant 1$。

2015 年，徐超等在分析有效应力引起瓦斯气体压力变化的基础上，推导出等效有效应力公式：

$$\sigma_{eff} = \sigma - \frac{2aRT\rho(1-\varphi)(1-2\mu)\ln(1+bp)}{3V_m} - \varphi p \quad (5-38)$$

式中　σ_{eff}——有效应力，MPa；

　　　φ——孔隙率,% 。

5.2.2　真三轴载荷煤体损伤变形及受力分析

通过理论分析和真三轴受载煤体渗透率实验研究可以看出，真三轴载荷煤体在受力初期处于压密阶段和线弹性阶段，煤体中孔隙裂隙逐渐被压密，发生弹性变形；随着损伤的不断积累和增加，煤体发生了连续损伤并逐渐演化为局部损伤，当煤体受力达到峰值强度时，煤样发生塑性变形，出现宏观裂隙。

查阅大量文献可知，真三轴载荷煤体损伤变形主要存在三种变形：本体、结构和损伤变形。其中，本体变形是可逆的变形，在应力加载的初期煤体本身原有的孔隙和裂隙逐渐闭合，且煤体出现整体变形，此时的弹性应变响应称为本体变形；结构变形也称为黏性不可逆变形，结构变形是指煤体在受载过程中引起的煤骨架颗粒结构的变化，煤骨架颗粒之间发生了相对位移；损伤变形也称为塑性变形，损伤变形是不可逆变形，是指煤骨架颗粒发生了局部或者整体的损伤，导致煤体出现整体变形。

1. 本体有效应力

本体有效应力是指使真三轴载荷煤体出现本体变形的应力。如图 5-1 所示，任意取一截面 $O-O'$，煤样横截面积为 S，在该截面上施加总应力 σ，根据受力平衡原理可得

$$\sigma S = p\varphi S + \sigma_s(1-\varphi)S \quad (5-39)$$

式中　　　　φS——孔隙压力的作用面积；

　　　$(1-\varphi)S$——煤骨架应力的作用面积；

　　　σ_s——导致煤体产生本体变形的应力。

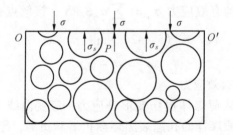

图 5 - 1　煤体本体有效应力关系图

因此，需要把 σ_s 换算成煤体整体横截面上，即煤体的本体有效应力：

$$\sigma'_b = \frac{\sigma_s(1 - \varphi)S}{S} = \sigma_s(1 - \varphi) \qquad (5 - 40)$$

将式（5 - 40）代入到式（5 - 39）可得

$$\sigma'_b = \sigma - \varphi p \qquad (5 - 41)$$

2. 结构有效应力

煤体受到真三轴载荷作用后，导致煤基质颗粒之间结构出现相对移动的应力称为结构有效应力。如图 5 - 2 所示，在煤体中取任意一条接触点连接的曲面 $O - O'$，该曲面不穿过煤体骨架颗粒，应力的垂直分量 σ_{ci} 在第 i 个接触点的投影面积为 S_{ci}，根据受力平衡方程可得：

$$\sigma S = \sum \sigma_{ci} S_{ci} + \left(S - \sum S_{ci} \right) p \qquad (5 - 42)$$

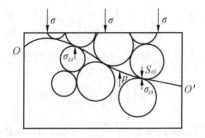

图 5 - 2　煤体结构有效应力关系图

假设结构有效应力 $\sigma'_s = \sum \sigma_{ci} S_{ci} / S$，接触点孔隙率 $\varphi_c = 1 - \sum S_{ci} / S$，代入式（5 - 42）可得：

$$\sigma'_s = \sigma - \varphi_c p \tag{5-43}$$

3. 损伤有效应力

真三轴载荷煤体损伤变形是应力—应变曲线的最后阶段，损伤变形阶段煤样的孔隙裂隙逐渐扩展和贯通，导致煤样最终完全破坏，煤样的峰值强度是损伤变形临界点，超过临界点后煤样的承载强度急剧下降。煤基质颗粒的相对密度和抗压强度对煤体损伤变形有重要影响，而导致煤体损伤变形的应力称为损伤有效应力。煤样损伤有效应力关系如图 5 - 3 所示。

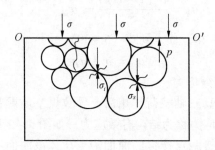

图 5 - 3　煤体损伤有效应力关系图

假设真三轴载荷煤样损伤变量为 D，裂缝闭合系数为 b，任意取煤样面积为 S 的横截面 $O - O'$，结合受力平衡和损伤力学基本理论可得：

$$\sigma S = p S \left(1 - \frac{1 - \varphi}{1 - bD} \right) + \sigma_s S \frac{1 - \varphi}{1 - bD} \tag{5-44}$$

若 $\sigma'_d = \sigma_s \dfrac{1 - \varphi}{1 - bD}$，则式（5 - 44）可以简化为

$$\sigma = p \left(1 - \frac{1 - \varphi}{1 - bD} \right) + \sigma'_d \tag{5-45}$$

假设损伤孔隙率 $\varphi_d = 1 - \dfrac{1 - \varphi}{1 - bD}$，则式（5 - 45）可以简化为

$$\sigma'_d = \sigma - \varphi_d p \tag{5-46}$$

当 $D=0$ 时，表示煤样无损伤，则式（5-46）可以转化为式（5-39），当 $D>0$ 时，煤样的变形为本体变形、结构变形和损伤变形的代数和。

5.2.3 真三轴载荷煤体的有效应力方程

对于真三轴载荷煤体而言，可以用平均有效应力来描述煤体骨架所受的有效应力变化，平均有效应力的表达式为

$$\bar{\sigma} = \frac{1}{3}(\sigma_1 + \sigma_2 + \sigma_3) - \frac{1}{2}(p_1 + p_2) \qquad (5-47)$$

式中　$\bar{\sigma}$——煤样的平均有效应力，MPa；

　　　σ_1——煤样的最大主应力，MPa；

　　　σ_2——煤样的中间主应力，MPa；

　　　σ_3——煤样的最小主应力，MPa；

　　　p_1——煤样的进气端孔隙压力，MPa；

　　　p_2——煤样的出气端孔隙压力，MPa。

真三轴载荷煤体在不同的应力路径下均受到有效应力的作用，最大的区别在于整个受载过程中本体、结构和损伤有效应力各自所占的比重不一样，因此可以用等效有效应力来描述对煤体变形的影响。联立式（5-39）、式（5-43）和式（5-46）可得等效有效应力公式：

$$\sigma' = \sigma - \varphi p \qquad (5-48)$$

式中　σ'——等效有效应力，MPa；

　　　φ——等效孔隙压力系数；

　　　p——孔隙压力，MPa。

当处于压密和线弹性阶段 $\varphi \to \varphi_b$ 时，随着真三轴载荷煤样的孔隙裂隙不断压密和闭合，载荷煤样的本体有效应力逐渐增大，载荷煤样的渗透率不断减小；当处于屈服和峰后软化阶段 $\varphi_b \leqslant \varphi \leqslant \varphi_s$ 时，载荷煤样基质颗粒的损伤破裂程度不断加深，孔隙裂隙也不断延伸，煤基质颗粒之间的接触面不断增大，载荷煤样的损伤有效应力会不断减小，最终导致载荷煤体渗透率相应程度的不断增加；当处于残余强度阶段 $\varphi_s \leqslant \varphi \leqslant \varphi_d$ 时，该阶

段载荷煤样的抗压强度趋于恒定，煤样出现了明显的宏观裂隙网络且基本不再变化，此时煤样的孔隙率也趋于稳定。

将建立的孔隙率动态演化模型式（5 – 21）代入到式（5 – 48）中可得基于孔隙率动态变化特征的有效应力公式：

$$\sigma' = \sigma - \left\{ 1 - \frac{1 - \varphi_0}{1 + \varepsilon_v}\left[1 + \frac{3a\rho_s RT}{E_0 V_m}\ln(1 + bp) - K_Y(p - p_0) \right] \right\}p$$

$$(5 - 49)$$

5.3　真三轴载荷煤体渗透率演化模型

5.3.1　渗透率演化模型研究现状

目前，国内外的学者针对煤层渗透率做了大量的研究工作，在含瓦斯煤渗透率实验方面，常用的煤渗透率实验测定方法有稳态法和瞬态法两种，稳态法是测定含瓦斯煤渗透率最常用的方法，实验时需要记录进气端气压、出气端气压和出气端流量才能计算渗透率，而采用瞬态法测定渗透率时，仅需要记录上游罐气压和下游罐气压即可计算渗透率，测量精度较高，实验误差较小；而煤渗透率模型一直是研究的重点和难点问题，煤渗透率的模型主要可以划分为两大类，一类是基于孔隙率变化的渗透率模型，另一类是基于应力变化的渗透率模型。

自 1990 年 Sawyer 等提出第一个渗透率模型以来，不断有新的模型提出，其中有代表性的渗透率模型主要有：Sawyer 等提出的 ARI 模型，其表达式为

$$\frac{k}{k_0} = \left[1 + C_f(p - p_0) - C_m\frac{1 - \varphi_0}{\varphi_0}\frac{\Delta p_0}{\Delta c_0}\left(\frac{V_L p}{P_L + p} - \frac{V_L p_0}{P_L + p_0} \right) \right]^3$$

$$(5 - 50)$$

式中　C_f——节理的压缩系数；

C_m——煤基质的压缩系数；

p——孔隙压力，MPa；

p_0——初始孔隙压力，MPa；

Δp_0——最大孔隙压力变化，MPa；

Δc_0——最大瓦斯含量变化;

V_L——单位体积或质量可燃基对瓦斯的极限吸附量;

P_L——吸附量等于 V_L 的一半时对应的孔隙压力, MPa;

φ_0——初始孔隙率, %。

1996 年, Levine 在引入煤基质的吸附应变 ε_s 的基础上提出 Levine 模型, 其表达式为

$$\frac{k}{k_0} = \left\{ 1 + \frac{1}{\varphi_0} \left[\frac{1 - 2\nu}{E}(p - p_0) - \left(\frac{\varepsilon_L p}{P_L + p} - \frac{\varepsilon_L p_0}{P_L + p_0} \right) \right] \right\}^3$$

$$(5-51)$$

式中 ε_L——煤基质的极限吸附体积应变;

ν——泊松比;

E——杨氏模量, MPa。

1998 年, Palmer 和 Mansoori 通过明确边界条件提出 P - M 模型, 其表达式为

$$\frac{k}{k_0} = \left\{ 1 + \frac{1}{\varphi_0} \left[C_m(p - p_0) - \left(\frac{K}{M} - 1 \right) \left(\frac{\varepsilon_L p}{P_L + p} - \frac{\varepsilon_L p_0}{P_L + p_0} \right) \right] \right\}^3$$

$$(5-52)$$

$$K = \frac{E}{3(1 - 2\nu)} \qquad (5-53)$$

$$M = \frac{E(1 - \nu)}{(1 - 2\nu)(1 + \nu)} \qquad (5-54)$$

$$C_m = \frac{1}{M} + \left(\frac{K}{M} + f - 1 \right) C_g \qquad (5-55)$$

式中 K——煤的体积模量, GPa;

M——煤的轴向约束模量, MPa;

f——0 ~ 1 的系数;

C_g——煤粒的压缩系数。

2002 年, Pekot 等通过引入表征注入气体与甲烷之间吸附膨胀差异系数对 ARI 模型进行了修正, 其表达式为

$$\frac{k}{k_0} = \left\{ 1 + C_f(p - p_0) - C_m \frac{1 - \varphi_0}{\varphi_0} \frac{\Delta p_0}{\Delta c_0} \left[(C - C_0) - \right. \right.$$

$$\left. C_d(C_t - C)\right]\right\}^3 \tag{5-56}$$

式中　C_f——表征注入气体与甲烷之间吸附膨胀差异系数；

　　　C_t——煤中甲烷含量，m^3/t；

　　　C_d——初始状态下煤中甲烷含量，m^3/t。

2004 年，Shi J. Q. 等根据单轴应变条件提出 S - D 模型，其表达式为

$$\frac{k}{k_0} = \exp\left[\frac{3C_f\nu}{1-\nu}(p-p_0) - \frac{C_fE}{1-\nu}\left(\frac{\varepsilon_L p}{P_L+p} - \frac{\varepsilon_L p_0}{P_L+p_0}\right)\right] \tag{5-57}$$

2005 年，Cui X. J. 等根据单轴应变条件提出 C - B 模型，其应力型模型的表达式为

$$\frac{k}{k_0} = \exp\left[\frac{3C_f(1+\nu)}{1-\nu}(p-p_0) - \frac{2C_fE}{3(1-\nu)}\left(\frac{\varepsilon_L p}{P_L+p} - \frac{\varepsilon_L p_0}{P_L+p_0}\right)\right] \tag{5-58}$$

2007 年，Pan Z. J. 等通过假设煤吸附气体过程中的表面能变化等于煤骨架的弹性能变化，对 P - M 模型进行改进，改进后的模型表达式为

$$\varepsilon_s = RTV_L\ln\left(1+\frac{p}{P_L}\right)\frac{\rho_s}{E_s}f(x,\nu) -$$
$$\frac{p}{E_s}(1-2\nu_s) - \frac{\rho_s f(x,\nu)}{E_s}\int_0^p V_a\mathrm{d}p \tag{5-59}$$

如果在低气体压力条件下，$\int_0^p V_a\mathrm{d}p \approx 0$，式（5 - 59）可以简化为

$$\varepsilon_s = RTV_L\ln\left(1+\frac{p}{P_L}\right)\frac{\rho_s}{E_s}f(x,\nu) - \frac{p}{E_s}(1-2\nu_s) \tag{5-60}$$

式中　R——普适气体常数，8.314 $J/(mol \cdot K)$；

　　　T——温度，K；

　　　ρ_s——煤骨架的密度，kg/m^3；

E_s——煤骨架的杨氏模量，MPa；

ν_s——煤骨架的泊松比；

V_a——单位质量煤的体积变化。

2009 年，陶云奇等在分析煤体受到本体变形和结构变形的基础上，构建了煤体压缩条件下无扩容时的渗透率演化模型，其表达式为

$$\frac{k}{k_0} = \frac{1}{\exp(-K_Y \Delta \sigma')} \times \left[1 + \frac{\exp(-K_Y \Delta \sigma') - 1}{\varphi_0} - \right.$$

$$\left. \frac{(\rho \Delta T - K_Y \Delta p)(1 - \varphi_0)}{\varphi_0} - \frac{\varepsilon_p}{\varphi_0} \right]^3 \qquad (5-61)$$

式中 K_Y——体积压缩系数，MPa^{-1}；

p——瓦斯压力，MPa。

2010 年，Liu H. H. 等通过引入内膨胀应力应变系数，提出 L-R 模型，其应力型模型的表达式为

$$\frac{k}{k_0} = \exp \left\{ \frac{3C_f}{1 - \nu}(p - p_0) - \frac{3C_f E}{1 - \nu} \left\{ \left(\frac{\varepsilon_L p}{P_L + p} - \frac{\varepsilon_L p_0}{P_L + p_0} \right) - \right. \right.$$

$$\left. \left. \frac{1}{2} \varphi_0 (1 - \exp) \left[C_f (\sigma_e - \sigma_{e0}) \right] \right\} \right\} \qquad (5-62)$$

式中 σ_e——有效应力，MPa；

σ_{e0}——初始有效应力，MPa。

2011 年，Izadi 等在考虑弹性膨胀材料和瓦斯吸附膨胀会导致煤体渗透率降低的基础上，建立了载荷煤体的渗透率模型，其表达式为

$$\frac{k}{k_0} = \left(1 + \frac{\varepsilon_l s^2}{l b_0} \frac{p}{p + p_L} \right)^3 \qquad (5-63)$$

式中 s——裂隙间距，m；

b_0——裂隙初始宽度，m；

l——裂纹长度，m。

2014 年，郭品坤等考虑煤体裂隙结构特征对渗透率的影响，

建立了基于有效基质变形的渗透率模型，其表达式为

$$\frac{k}{k_0} = \left\{ 1 - \frac{\alpha}{\varphi_0 K} [(\bar{\sigma} - \bar{\sigma}_0) - (p - p_0)] - \right.$$

$$\left. \frac{f_m}{\varphi_0} \left[\frac{3a\rho RT}{EV_0} \ln\left(\frac{1 + bp}{1 + b_0 p_0} \right) + \eta(T - T_0) \right] \right\}^3 \qquad (5-64)$$

式中　k——渗透率，mD；

　　　k_0——煤体的初始渗透率，mD；

　　　φ_0——煤体的初始孔隙率，%；

　　　f_m——定值，$0 < f_m < 1$。

2015 年，徐超等在考虑声发射特性和差应力比的基础上，建立了塑性变形煤体的渗透率模型，其表达式为

$$\frac{k_p}{k_G} = \left[1 + \frac{(\varepsilon_{VG} - \varepsilon_{VC})(1 - e^{-(a\eta)^\beta})}{\varphi_G} + \frac{(\varepsilon_{mG} - \varepsilon_{mP})}{\varphi_G} \right]^3 \times$$

$$\left\{ \frac{1 - \varphi_G}{1 - [\varphi_G + (\varepsilon_{VG} - \varepsilon_{VC})(1 - e^{-(a\eta)^\beta}) + \varepsilon_{mG} - \varepsilon_{mP}]} \right\}^2$$

$$(5-65)$$

式中　k_G——损伤扩容点 G 点处煤体的渗透率，mD；

　　　k_p——塑性变形过程中 P 点处煤体的渗透率，mD。

5.3.2　渗透率动态演化模型

1964 年，Chilingar 等在分析多孔介质渗透率、孔隙率和粒径空间分布的基础上，定义了渗透率和孔隙率之间的关系：

$$k = \frac{d_e^2 \varphi^3}{72(1 - \varphi)^2} \qquad (5-66)$$

式中　k——渗透率，mD；

　　　φ——孔隙率，%；

　　　d_e——骨架颗粒的有效直径，m。

式（5-66）可以转化为

$$\frac{k}{k_0} = \left(\frac{\varphi}{\varphi_0} \right)^3 \left(\frac{1 - \varphi_0}{1 - \varphi} \right)^2 \qquad (5-67)$$

式中 k_0——煤体的初始渗透率，mD；

φ_0——煤体的初始孔隙率，% 。

结合式（5–67），煤体的孔隙率通常小于 10% ，可以忽略右边第 2 项，得到煤体渗透率和孔隙率立方关系为

$$\frac{k}{k_0} = \left(\frac{\varphi}{\varphi_0}\right)^3 \qquad (5-68)$$

将式（5–49）代入式（5–68）中，可以得到受载煤体渗透率动态演化模型，其表达式为

$$\frac{k}{k_0} = \left(\frac{\varphi}{\varphi_0}\right)^3 = \left\{\frac{1}{\varphi_0} - \frac{1-\varphi_0}{\varphi_0(1+\varepsilon_v)} \times \right.$$

$$\left.\left[1 + \frac{3a\rho_s RT}{E_0 V_m}\ln(1+bp) - K_Y(p-p_0)\right]\right\}^3 \qquad (5-69)$$

基于本构方程理论，针对等温吸附条件下受载煤体而言，煤体的应力—应变关系可以表示为

$$\varepsilon_{ij} = \frac{\sigma_{ij}}{2G} - \left(\frac{1}{6G} - \frac{1}{9K}\right)\sigma_{kk}\delta_{ij} + \frac{\delta_{ij}}{3}\left(\frac{\alpha p}{K} + \varepsilon_s\right) \qquad (5-70)$$

$$G = \frac{E}{2(1+\nu)}$$

$$\sigma_{kk} = \sigma_{11} + \sigma_{22} + \sigma_{33}$$

$$\alpha = 1 - \frac{K}{K_m}$$

$$K = \frac{E}{3}(1-2\nu)$$

式中 G——剪切模量，MPa；

σ_{kk}——正应力分量，MPa；

K——煤的体积模量，GPa；

K_m——煤体骨架的体积模量，GPa；

ε_s——Langmuir 体积应变；

p——Langmuir 压力常数，MPa。

式（5–70）可以分解为

$$\begin{cases} \varepsilon_{11} = \dfrac{\sigma_{11}}{2G} - \left(\dfrac{1}{6G} - \dfrac{1}{9K}\right)\sigma_{kk} + \dfrac{1}{3}\left(\dfrac{\alpha p}{K} + \varepsilon_s\right) \\[3mm] \varepsilon_{22} = \dfrac{\sigma_{22}}{2G} - \left(\dfrac{1}{6G} - \dfrac{1}{9K}\right)\sigma_{kk} + \dfrac{1}{3}\left(\dfrac{\alpha p}{K} + \varepsilon_s\right) \quad (5-71) \\[3mm] \varepsilon_{33} = \dfrac{\sigma_{33}}{2G} - \left(\dfrac{1}{6G} - \dfrac{1}{9K}\right)\sigma_{kk} + \dfrac{1}{3}\left(\dfrac{\alpha p}{K} + \varepsilon_s\right) \end{cases}$$

由式（5-71）可知，受载煤体的体积应变 ε_v 表达式为

$$\varepsilon_v = \varepsilon_{11} + \varepsilon_{22} + \varepsilon_{33} = \varepsilon_s - \frac{\overline{\sigma}_p - \alpha p}{K} \qquad (5-72)$$

$$\varepsilon_v = \varepsilon_{11} + \varepsilon_{22} + \varepsilon_{33}$$

$$\overline{\sigma}_p = \frac{\sigma_1 + \sigma_2 + \sigma_3}{3}$$

$$\varepsilon_s = \frac{3a\rho_s RT}{E_0 V_m}\ln(1 + bp)$$

式中 ε_v——煤样的体积应变；

         $\overline{\sigma}_p$——煤样的平均压应力；

σ_1、σ_2、σ_3——最大主应力、中间主应力、最小主应力；

         ε_s——煤体吸附瓦斯膨胀变形。

联立式（5-69）和式（5-72）可得真三轴载荷煤体渗透率动态演化模型：

$$\frac{k}{k_0} = \left\{\frac{1}{\varphi_0} - \frac{(1-\varphi_0)\left[1 + \dfrac{3a\rho_s RT}{E_0 V_m}\ln(1+bp) - K_Y(p - p_0)\right]}{\varphi_0\left\{1 + \dfrac{3a\rho_s RT}{E_0 V_m}\ln(1+bp) - \dfrac{\left[(\sigma_1 + \sigma_2 + \sigma_3)/3 - (1 - K/K_m)p\right]}{K}\right\}}\right\}^3$$

$$(5-73)$$

5.4 本章小结

根据载荷煤体的损伤变形和渗流特性可知，受到采动或抽采的影响后，煤体发生了复杂的应力-应变过程，煤体孔隙率是不断变化的，其变化也是随着应力-应变发生变化的动态过

程。首先从孔隙率的定义出发，构建了载荷煤体的孔隙率动态演化模型，分析了孔隙率与有效应力的关系，推导出基于孔隙率的有效应力方程，在考虑瓦斯吸附膨胀变形和瓦斯压力压缩变形的基础上，构建了真三轴载荷煤体的渗透率动态演化模型。具体研究内容如下：

（1）煤体的变质程度、煤体中瓦斯的吸附膨胀、瓦斯压力等因素对渗透率的影响，首先是对煤体孔隙率的作用造成的，煤体孔隙率的大小对渗透率有重要影响，在考虑煤体受到载荷后的变形主要由瓦斯吸附膨胀变形和瓦斯压力压缩变形组成的基础上，构建了载荷煤体的孔隙率动态演化模型，其表达式为

$$\varphi = 1 - \frac{1 - \varphi_0}{1 + \varepsilon_v}\left[1 + \frac{3a\rho_s RT}{E_0 V_m}\ln(1 + bp) - K_Y(p - p_0)\right]$$

（2）瓦斯压力的升高或降低会导致煤骨架有效应力和煤体渗透率的变化，而煤体渗透率的改变也会导致煤体中瓦斯压力的重新分布。在分析受载煤体损伤变形过程主要存在三种变形的基础上，结合建立的孔隙率动态演化模型，得到基于孔隙率动态变化特征的有效应力公式：

$$\sigma' = \sigma - \left\{1 - \frac{1 - \varphi_0}{1 + \varepsilon_v}\left[1 + \frac{3a\rho_s RT}{E_0 V_m}\ln(1 + bp) - K_Y(p - p_0)\right]\right\}p$$

（3）根据煤体渗透率和孔隙率立方关系，建立孔隙率与渗透率之间的联系，依据本构方程理论的应力–应变方程，得到受载煤体体积应变表达式，最终建立真三轴载荷煤样的渗透率演化模型：

$$\frac{k}{k_0} = \left\{\frac{1}{\varphi_0} - \frac{(1 - \varphi_0)\left[1 + \frac{3a\rho_s RT}{E_0 V_m}\ln(1 + bp) - K_Y(p - p_0)\right]}{\varphi_0\left\{1 + \frac{3a\rho_s RT}{E_0 V_m}\ln(1 + bp) - \frac{[(\sigma_1 + \sigma_2 + \sigma_3)/3 - (1 - K/K_m)p]}{K}\right\}}\right\}^3$$

6 抽采钻孔周围煤体流固耦合模型及应用

煤矿瓦斯抽采导致钻孔周围煤体的应力重新分布，使抽采钻孔周围煤体的渗流特性也发生改变。应力场和渗流场是钻孔周围煤体力学环境的主要组成部分。布置瓦斯抽采钻孔进行抽采是钻孔周围煤体变形和煤层瓦斯渗流相互作用的结果，而瓦斯抽采渗流耦合也是一个涉及诸多学科交叉的复杂问题。本章在分析抽采钻孔周围煤体应力分布特征的基础上，以本构方程、应力平衡微分方程和几何方程为基础，建立煤岩损伤应力场控制方程；以连续性方程、气体状态方程和煤体瓦斯含量方程为基础，建立瓦斯渗流场控制方程，通过联立应力场和渗流场控制方程，实现应力场和渗流场等多物理场耦合，然后利用 Comsol 模拟软件进行数值模拟研究，并结合现场的实际情况进行工程应用。

6.1 抽采钻孔周围煤体应力分布特征

煤层瓦斯抽采是世界各国治理瓦斯问题普遍采用的技术手段。煤层瓦斯抽采方法主要有巷道瓦斯抽采和钻孔瓦斯抽采两大类，其中钻孔瓦斯抽采使用最为普及。在瓦斯抽采的过程中，钻孔周围煤体破坏会导致原始应力分布状态发生变化，形成应力集中区和应力卸压区，具体应力分布特征如图 6 – 1 所示。

（1）原始应力区。原始应力区周围煤体距离钻孔比较远，瓦斯抽采未能影响到该区域。煤体所受的应力仍然处于原始状态。

（2）弹性变形区。钻孔周围的煤体处于弹性变形阶段时，

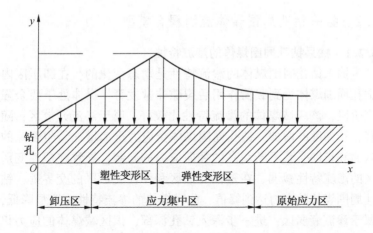

图 6-1　钻孔周围煤体的应力分布情况

煤体的应力应变曲线呈现线性减小趋势，在该区域内煤体受到的应力未达到屈服极限强度，随着距离钻孔出口越远应力集中现象逐渐降低且应力集中峰值逐渐向深部煤体延伸。

（3）塑性变形区。钻孔周围的煤体在塑性变形区内受到的应力不断增加至应力集中峰值，随着受到的应力不断增大，钻孔周围的煤体孔隙裂隙不断萌生、扩展和贯通。煤体应力-应变曲线为非线性增长趋势。

（4）卸压区。在瓦斯抽采的影响下，原始煤层的应力状态遭到破坏，煤体进入残余强度阶段。钻孔边缘煤体由于经历应力集中，煤体已经出现新生裂隙，卸压区距离钻孔出口最近，该区域仅能承受低于原始应力的载荷。极限应力区主要由塑性变形区和卸压区两部分组成，该区域内载荷煤体基本处于极限应力状态，煤体承受的应力值一般也低于集中应力。由于极限应力区内的孔隙裂隙比较发育且靠近抽采钻孔壁面，钻孔与孔隙、裂隙相互贯通，该区域煤体的渗透性比较好。因此，对于瓦斯抽采钻孔而言，极限应力区范围的宽窄直接影响着钻孔的瓦斯抽采效果。

6.2 抽采钻孔周围煤体流固耦合模型

6.2.1 抽采钻孔周围煤体的渗流特性

抽采钻孔周围煤体的渗流特性是动态变化的，在卸压区内钻孔周围煤体受到载荷作用后裂隙非常发育，煤体处于残余强度阶段，该区域煤体的渗流特性比较好，属于渗流开放区；随着钻孔深度的增加，钻孔周围煤体受应力迅速增加新生裂隙的联通和扩展受载不断增高的径向应力的限制，导致在塑性变形区的渗流特性减弱，在塑性变形区和弹性变形区的交界处，钻孔周围煤体的应力达到峰值，此时煤体的渗流特性也明显降低，属于渗流衰弱区；进一步深入钻孔深部，该区域煤体的应力仍属于原始应力状态，属于原始渗流区。具体钻孔周围煤体渗流特性分布情况如图 6-2 所示。

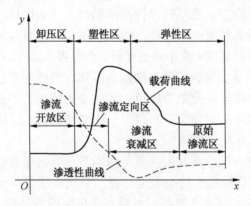

图 6-2 钻孔周围煤体渗流特性变化

6.2.2 基本假设

瓦斯抽采钻孔周围煤体的应力分布是不断变化的。应力的变化会导致煤体渗流特性也发生变化。瓦斯抽采渗流耦合是一个涉及诸多学科交叉的复杂问题，为了突出研究的重点，本书做以下基本假设：

（1）假设煤体为各向同性的弹性体，且煤体由煤基质和裂隙构成，其变化符合 Hooke 定律。

（2）煤中的游离态瓦斯单相且饱和。

（3）煤中瓦斯的吸附解吸是可逆过程且符合 Langmuir 等温吸附方程。

（4）模型只考虑节理的渗透率，忽略煤基质的渗透率。

（5）煤体的变形为小变形，未发生塑性变形，属于弹性变形阶段。

6.2.3 抽采钻孔周围煤体变形场控制方程

煤岩体的总应力由孔隙裂隙介质内的煤层瓦斯压力和作用于煤岩骨架的有效应力 2 部分组成。基于假设（1），煤岩骨架的变形场方程由本构方程、平衡微分方程和几何方程 3 部分组成。

1. 本构方程

对于各向同性的弹性体，考虑吸附作用的弹性变形，本构方程可表示为

$$
\begin{cases}
K = \dfrac{E}{3(1-2V)} \\[2mm]
G = \dfrac{E}{2(1+V)} \\[2mm]
\sigma_{kk} = \sigma_{11} + \sigma_{22} + \sigma_{33} \\[2mm]
\alpha = 1 - \dfrac{K}{K_m} \\[2mm]
\varepsilon_{ij} = \dfrac{\sigma_{ij}}{2G} - \left(\dfrac{1}{6G} - \dfrac{1}{9K}\right)\sigma_{kk}\delta_{ij} + \dfrac{\delta_{ij}}{3}\left(\dfrac{\alpha p}{K} + \varepsilon_s\right)
\end{cases}
\tag{6-1}
$$

式中　　G——剪切模量，MPa；

$\quad\sigma_{kk}$——正应力分量，MPa；

$\quad K$——煤的体积模量，GPa；

$\quad K_m$——煤体骨架的体积模量，GPa；

$\quad\varepsilon_s$——Langmuir 体积应变；

$\quad p$——Langmuir 压力常数，MPa。

2. 平衡微分方程

根据 Terzaghi 有效应力原理，煤体骨架变形的力学平衡微分方程可表示为

$$\sigma_{ij,j} + F_i = 0 \tag{6-2}$$

式中　$\sigma_{ij,j}$——应力张量，MPa；

　　　F_i——体积力，MPa。

3. 几何方程

基于假设（5），根据变形连续性条件可得含瓦斯煤的几何方程

$$\varepsilon_{ij} = \frac{1}{2}\left(\frac{\partial u_i}{\partial x_j} + \frac{\partial u_j}{\partial x_i}\right) = \frac{1}{2}(u_{i,j} + u_{j,i}) \tag{6-3}$$

式中　ε_{ij}——应变分量；

　　　$u_{i,j}$ 和 $u_{j,i}$——位移分量，m。

联立式（6-1）~式（6-3）可得煤岩体变形场控制方程，其表达式为

$$G\sum_{j=1}^{3}\frac{\partial^2 u_i}{\partial x_j^2} + \frac{G}{1-2\nu}\sum_{j=1}^{3}\frac{\partial u_j}{\partial x_j \partial x_i} - \frac{3\lambda - 2G}{3K_s}\frac{\partial p}{\partial x_i} + \alpha\frac{\partial p}{\partial x_i} + F_i = 0 \tag{6-4}$$

6.2.4　抽采钻孔周围煤体渗流场控制方程

1. 连续性方程

瓦斯在煤层中的渗流满足质量守恒定律，其表达式为：

$$\frac{\partial m}{\partial t} + \nabla(\rho_g q_g) = Q_p \tag{6-5}$$

式中　m——煤层瓦斯含量，m³/t；

　　　ρ_g——瓦斯的密度，kg/m³；

　　　q_g——瓦斯渗流速度，m/s；

　　　Q_p——源汇项，kg/(m³·s)；

　　　t——时间，s。

2. 气体状态方程

基于假设（3），将瓦斯考虑为理想气体，瓦斯密度和压力满足理想气体状态方程，其表达式为

$$\beta = \frac{M_g}{RT}$$

$$\rho_g = \beta p \tag{6-6}$$

式中 β——瓦斯压缩因子，$kg/(m^3 \cdot Pa)$；

M_g——瓦斯摩尔质量，g/mol。

3. 煤体瓦斯含量方程

瓦斯以游离状态和吸附状态两种方式赋存在煤层中，煤中游离瓦斯含量可表示为

$$m_f = \rho_g \varphi \tag{6-7}$$

式中 φ——孔隙率，% 。

根据 Langmuir 等温吸附方程，考虑煤中水分及灰分等因素，煤中吸附瓦斯含量可表示为

$$m_a = \frac{abp\rho_0}{1 + bp} \tag{6-8}$$

式中 ρ_0——标准大气压下的瓦斯密度，kg/m^3；

a——吸附常数，m^3/t；

b——吸附常数，MPa^{-1}。

由式（6-7）、式（6-8）可得煤体瓦斯含量 m 为

$$m = p\left(\beta\varphi + \frac{ab\rho_0}{1 + bp}\right) \tag{6-9}$$

当瓦斯的平均自由程和煤的孔隙尺寸基本相当时，会在瓦斯渗流通道壁面产生附加动量，进而出现滑脱现象，这就是著名的 Klinkenberg 效应。考虑 Klinkenberg 效应，瓦斯在压力梯度作用下，在煤的孔隙裂隙中作渗流运动且符合 Darcy 定律，其表达式为

$$q_g = -\frac{k_g}{\mu_g}\left(1 + \frac{b}{p}\right)(\nabla p + \rho_g g \nabla z) \tag{6-10}$$

式中 k_g——含瓦斯煤渗透率，m^2；

μ_g——瓦斯动力黏度，$Pa \cdot s$；

b——Klinkenberg 因子；

g——重力加速度，m/s^2，由于瓦斯重力比较小，计算中忽略重力项。

含瓦斯煤孔隙率变化可以描述为

$$\frac{\partial \varphi}{\partial t} = (1 - \varphi)\left(\frac{\partial \varepsilon_v}{\partial t} + \frac{1}{K_s}\frac{\partial p}{\partial t}\right) \tag{6-11}$$

式中 K_s——煤体骨架固体颗粒的体积模量，GPa。

联立式（6-5）、式（6-6）、式（6-9）、式（6-10）和式（6-11）可得煤岩瓦斯渗流场控制方程为

$$2\left[\varphi + \frac{p(1-\varphi)}{K_s} + \frac{ab\rho_0}{(1+bp)^2}\right]\frac{\partial p}{\partial t} -$$

$$\nabla\left[\frac{k_g}{\mu_g}\left(1+\frac{b}{p}\right)\nabla p^2\right] + 2(1-\varphi)p\frac{\partial \varepsilon_v}{\partial t} = Q_p \tag{6-12}$$

6.2.5 抽采钻孔周围煤体流固耦合模型

在建立煤岩损伤应力场控制方程和瓦斯渗流场控制方程的基础上，结合第五章构建的真三轴载荷煤体渗透率动态演化模型，可以得到抽采钻孔周围煤体的流固耦合模型，其表达式为

$$\begin{cases} \dfrac{k}{k_0} = \left\{\dfrac{1}{\varphi_0} - \dfrac{(1-\varphi_0)\left[1 + \dfrac{3a\rho_s RT}{E_0 V_m}\ln(1+bp) - K_Y(p-p_0)\right]}{\varphi_0\left\{1 + \dfrac{3a\rho_s RT}{E_0 V_m}\ln(1+bp) - \dfrac{[(\sigma_1+\sigma_2+\sigma_3)/3 - (1-K/K_m)p]}{K}\right\}}\right\}^3 \\[3em] G\sum\limits_{j=1}^{3}\dfrac{\partial^2 u_i}{\partial x_j^2} + \dfrac{G}{1-2\nu}\sum\limits_{j=1}^{3}\dfrac{\partial u_j}{\partial x_j \partial x_i} - \dfrac{(3\lambda-2G)}{3k_s}\dfrac{\partial p}{\partial x_i} + a\dfrac{\partial p}{\partial x_i} + F_i = 0 \\[2em] 2\left[\varphi + \dfrac{p(1-\varphi)}{K_s} + \dfrac{ab\rho_0}{(1+bp)^2}\right]\dfrac{\partial p}{\partial t} - \nabla\left[\dfrac{k_g}{\mu_g}\left(1+\dfrac{b}{p}\right)\nabla p^2\right] + 2(1-\varphi)p\dfrac{\partial \varepsilon_v}{\partial t} = Q_p \end{cases}$$

$$\tag{6-13}$$

6.3 抽采钻孔周围煤体渗流特性数值模拟

6.3.1 COMSOL Multiphysics 软件介绍

COMSOL Multiphysics 是以有限元法为基础的一款多物理场耦合软件，可以用于模拟科学或者工程领域的物理过程，已经

广泛应用于各个领域的科学研究以及工程计算中。该软件通过求解偏微分方程模拟实现真实物理现象的仿真，具有杰出的多场直接耦合分析能力和高效的计算性能。该软件具有大量预定义的物理应用模式，涵盖结构力学、流体流动等多种物理场，可以选择需要的物理场，也可以自定义偏微分方程，并指定自定义偏微分方程与其他方程之间的关系。模型中的材料属性、边界条件等可以是常数、还可以是变量函数或者实测数据的插值函数等。

6.3.2 模拟软件的功能模块

COMSOL Multiphysics 数值模拟软件集成了大量的模型。Comsol 的具体模块如图 6 – 3 所示。

Comsol 设置有更加灵活的一个开放性的 PDE 模块，该模块具有系数型、广义型和弱解型 3 种自定义偏微分方程应用模式；将所建立的数学模型偏微分方程通过变形至系数型、广义型和弱解型任意一种 Comsol 默认的方程形式，设置好初始、边界条件件等相关参数，进行数值计算。

6.3.3 COMSOL Multiphysics 模拟过程

（1）选择模块。首先打开 Comsol 主界面，选择所用的 PDE 模块，添加偏微分方程组，并将物理场设置为瞬态场。

（2）建立物理模型。通过 Comsol 模拟软件建立三维几何实体模型，也可以直接导入 CAD 几何模型，完成物理模型构建。

（3）设置物理参数。几何模型建立完成之后，设置物理参数，赋予模型特定的物理意义，将数学物理方程进行表述，设置约束条件和外部应力等边界参数。

（4）网格划分。Comsol 软件可以根据需要自定义划分网格，允许划分不规则的任意网格，其默认网格划分功能也将这一特点充分发挥出来。本书模拟的几何模型简单且规则，采用自由剖分三角形网格即可，但需要对钻孔周围的网格进行细化处理，以提高模拟精度。

（5）求解。本次模型采用结构力学模块、常系数偏微分方

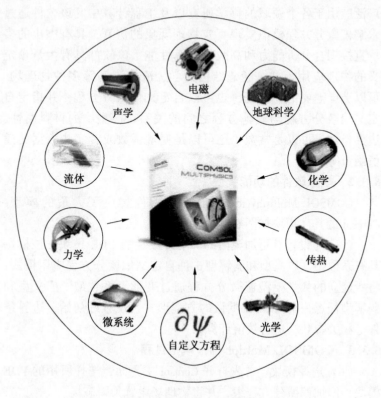

图 6 - 3　Comsol 基本模块

程等多模块耦合，通过次序求解每个物理场，进行一次耦合迭代，反复进行，直到满足精度要求。

（6）后处理。Comsol 软件具有强大的后处理功能，可以显示出物理参数变化云图及曲线图等，也可以显示平面域图和剖面图，提取数据。

6.3.4　计算模型及相关物性参数

本次模拟主要研究抽采钻孔周围煤体的渗流特性和瓦斯压力分布规律。结合某矿 29031 工作面实际情况建立 30 m × 50 m × 6 m 的几何模型，其中煤层走向长度为 30 m，倾向长度为50 m，煤层厚度为 6 m，钻孔直径为 94 mm，钻孔深度为 48 m，在模型中部设置一条监测线，即点（0，25，3）到点（30，25，3）。模型相关物性参数见表6-1。

表6-1　模型相关物性参数

名　　称	值
杨氏模量 E/MPa	3000
泊松比 ν	0.33
初始孔隙率 φ_0/%	0.0725
初始渗透率 k_0/m^2	4.75×10^{-17}
煤的密度 ρ_0/(kg·m^{-3})	1380
动力黏度 μ/(Pa·s)	1.08×10^{-5}
吸附常数 a/(m^3·t^{-1})	39.02
吸附常数 b/MPa^{-1}	0.329
灰分 A/%	10.02
水分 M/%	0.83
挥发分 V/%	18.19

6.3.5　初始条件和边界条件

为优化29031工作面本煤层顺层钻孔抽采参数，确定合理的抽采负压和抽采钻孔间距，结合现场普遍采用的抽采负压和抽采钻孔间距参数，分别模拟抽采负压为5 kPa、10 kPa、15 kPa、20 kPa和抽采钻孔间距为4 m、6 m、8 m的瓦斯抽采情况。

1. 初始条件

初始时间 $t = 0$ 时，煤层中瓦斯压力分布为原始瓦斯压力分布。原始瓦斯压力为1.16 MPa，抽采钻孔的负压分别为5 kPa、10 kPa、15 kPa、20 kPa。

2. 边界条件

巷道气压为标准大气压，模型沿工作面走向方向两边约束方式为辊支承，下部边界指定 Z 方向位移为0，上部边界自由，上覆岩层应力为15.36 MPa，同时模型具有自重载荷。

6.3.6 模拟结果分析

1. 考虑 Klinkenberg 效应对模拟结果的影响

大多学者在构建模型和数值模拟时很少考虑 Klinkenberg 效应，这与实际情况是不符合的。究竟 Klinkenberg 效应对模拟结果的影响如何需要深入的研究。本书分别模拟了考虑 Klinkenberg 效应、有效应力、解吸收缩的综合作用和仅考虑有效应力、解吸收缩 2 种因素影响条件下抽采 10 d 后的瓦斯抽采情况，通过对监测线上的模拟数据进行分析，如图 6 - 4 所示。

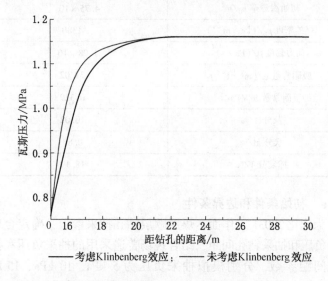

图 6 - 4　钻孔附近瓦斯压力变化曲线（抽采 10 d）

由图 6 - 4 可知，在抽采钻孔附近，考虑 Klinkenberg 效应影响时瓦斯压力下降得更快，而距离抽采钻孔越远，两者的影响差别越小。这与文献 *Gas flow in porous media with Klinkenberg effects* 的结论相吻合，这也验证了本书模型和数值模拟结果的可靠性，从侧面也反映了考虑 Klinkenberg 效应的必要性。

2. 抽采负压的优化

依据煤矿瓦斯抽采达标要求可知，在规定时间抽采范围内瓦斯压力 0.74 MPa 点到抽采钻孔中心的距离即为有效抽采半径,而有效抽采半径与抽采时间、瓦斯压力、煤层透气性系数、吸附性能和抽采负压等因素有关。在瓦斯压力、抽采负压等因素一定的条件下,模拟得到不同抽采时间与有效抽采半径的关系见表 6-2。

表 6-2 不同抽采时间下的有效抽采半径

抽采时间/d	1	10	30	60	90	180
有效抽采半径/m	0.38	0.59	0.89	1.27	1.88	3.14

由表 6-2 可知,在瓦斯压力、抽采负压等因素一定的前提下,抽采时间对有效抽采半径影响非常明显,随着抽采时间的增加,有效抽采半径逐渐增大,而抽采时间需要综合考虑采煤进度和抽采效果来确定。但是在现场具体实施的过程中,抽采负压是变化的,目前在抽采负压的选择上还存在不同的观点。

图 6-5 所示为抽采 180 d 时不同抽采负压条件下瓦斯压力分布图。由图 6-5 可知:抽采时间一定条件下,随着抽采负压的增加,钻孔抽采负压对煤层瓦斯压力的下降有一定影响,但影响不明显。为进一步定量分析抽采负压与有效抽采半径的关

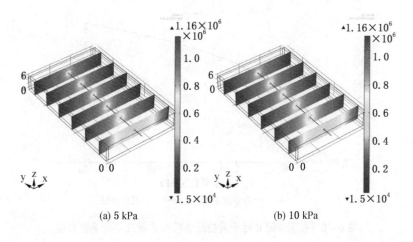

(a) 5 kPa   (b) 10 kPa

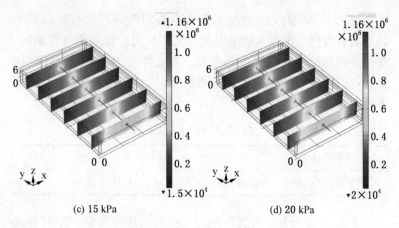

(c) 15 kPa　　　　　　　　(d) 20 kPa

图 6 – 5　抽采 180 d 时不同抽采负压瓦斯压力分布

系，通过对不同抽采负压条件下监测线的模拟数据进行拟合分析，得到抽采负压与有效抽采半径的拟合曲线方程为：$y = ax^b$，式中回归系数 $a = 3.05$，$b = 0.011$，相关系数为 0.95，如图 6 – 6 所示。

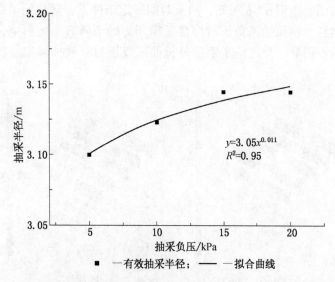

图 6 – 6　抽采 180 d 时不同抽采负压有效抽采半径变化曲线

图 6 – 6 所示为抽采 180 d 时不同抽采负压条件下有效抽采半径变化情况。由图 6 – 6 可知：抽采时间一定的条件下，抽采负压的增加使有效抽采半径缓慢增加，但仅增加了 0.04 m 左右，当抽采负压达到一定数值时，存在一个临界值，超过该临界值，抽采负压对有效抽采半径几乎不再影响。结合 29031 工作面的实际情况，确定该工作面顺层钻孔合理的抽采负压为 15 kPa，这与周世宁院士提出的本煤层顺层钻孔抽采负压范围相吻合的基础上，对抽采负压进行了定量化的描述。

3. 抽采钻孔间距的优化

考虑现场的复杂性和不均衡性，需要增加 30% 的安全余量，即抽采达标的瓦斯压力为 $0.74 \times 70\% = 0.518$ MPa。如图 6 – 7 所示，给出抽采时间为 10 d、60 d、180 d，钻孔间距为 4 m、6 m、8 m 时的瓦斯压力分布图。由图 6 – 7 可知：

（1）孔距为 4 m 时，抽采 180 d 后的效果十分明显，抽采 180 d 后钻孔之间的最大瓦斯压力为 0.46 MPa，达到了抽采要求，但是从工程量和抽采无效叠加方面综合考虑，在抽采达标的前提下可以适当增加钻孔间距。

（2）孔距为 6 m 时，钻孔布置间距满足小于 2 倍有效抽采半径（2×3.14 m）的要求，抽采 180 d 后的效果比较明显，抽采 180 d 后钻孔之间的最大瓦斯压力为 0.51 MPa，达到了抽采

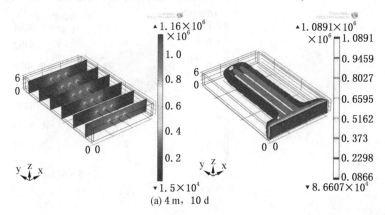

(a) 4 m, 10 d

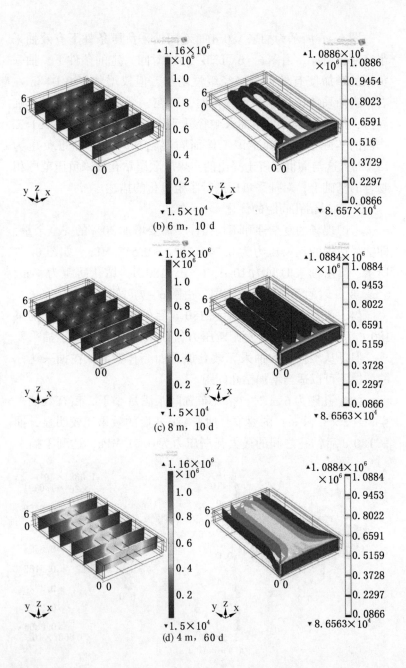

(b) 6 m, 10 d

(c) 8 m, 10 d

(d) 4 m, 60 d

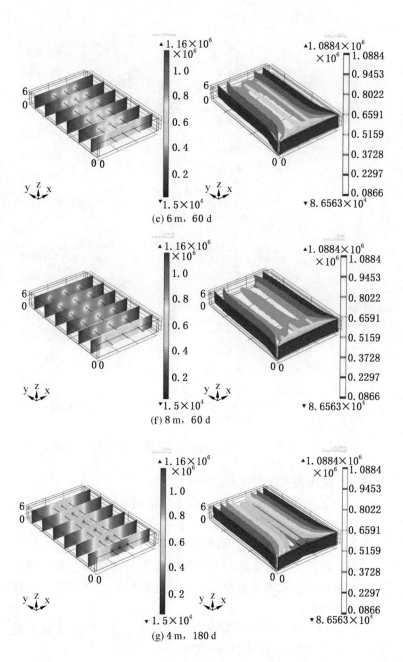

(e) 6 m, 60 d

(f) 8 m, 60 d

(g) 4 m, 180 d

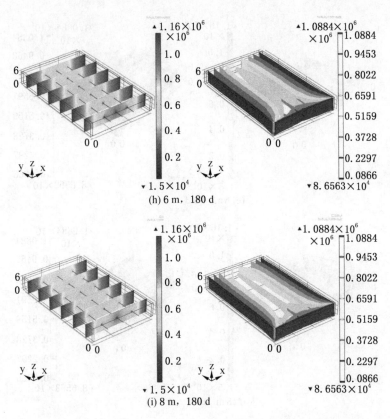

(h) 6 m，180 d

(i) 8 m，180 d

图 6 - 7　抽采 10 d、60 d、180 d 时不同孔距瓦斯压力分布

要求，瓦斯压力下降幅度及范围也最大。

（3）孔距为 8 m 时，抽采 180 d 后钻孔之间的最大瓦斯压力为 0.62 MPa，仍然存在"空白带"，在孔距为 6 m 的基础上，随着孔距的增加，"空白带"面积越大，抽采效果不理想。

因此，综合考虑工程量和抽采效果等各种因素，孔距确定为 6 m 时，抽采效果比较明显，有效地避免了"空白带"和抽采的无效叠加。

图 6 - 8 给出不同抽采时间抽采孔距为 4 m、6 m、8 m 时的瓦斯压力变化曲线。由图 6 - 8 可知：

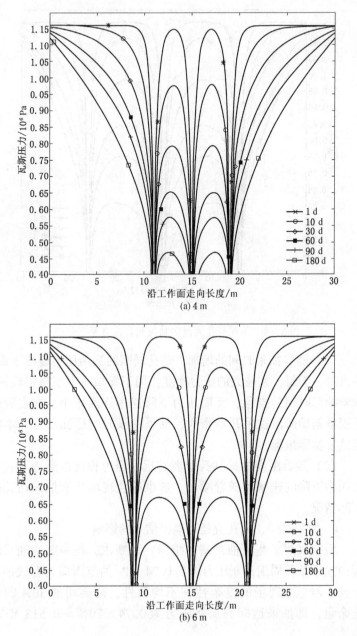

(a) 4 m

(b) 6 m

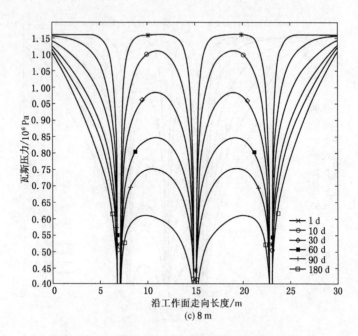

(c) 8 m

图 6-8 不同钻孔间距的抽采瓦斯压力变化曲线

（1）随着抽采时间的增加，钻孔周围的瓦斯压力逐渐下降，抽采第一天时，在较大的压力梯度作用下瓦斯压力下降得较快，随着抽采时间的推移，瓦斯压力下降速率逐渐减小，这也验证了现场初始阶段抽采瓦斯量大，抽采一段时间后瓦斯量基本稳定这一实际情况。

（2）随着距离抽采钻孔位置越远，压力梯度逐渐减小，瓦斯压力下降的速率也随着减小，这也符合现场瓦斯抽采钻孔的实际情况。

4. 抽采时间、钻孔直径对模拟结果的影响

根据《煤矿瓦斯抽采基本指标》的要求，在一定的抽采时间内抽采钻孔周围瓦斯压力降到 0.74 MPa 的范围即为有效抽采半径，但考虑现场的复杂性和不均衡性，需要增加 30% 的安全余量，即抽采达标的瓦斯压力为 0.74 × 70% = 0.518 MPa。

有效抽采半径与抽采时间、瓦斯压力、煤层透气性系数等因素有关，监测线上不同抽采时间瓦斯压力变化曲线如图 6 - 9 所示。

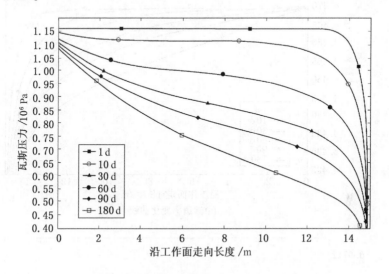

图 6 - 9　不同抽采时间瓦斯压力变化曲线

由图 6 - 9 可知：在抽采负压、瓦斯压力等因素确定的前提下，抽采时间对有效抽采半径影响非常显著，钻孔抽采 1 d 时有效抽采半径仅为 0.38 m，钻孔抽采 10 d 时有效抽采半径为 0.59 m，有效抽采半径的范围仅增加 1.55 倍，抽采 180 d 时有效抽采半径为 3.14 m，有效抽采半径的范围增加 8.26 倍；煤层内距离钻孔中心越近，瓦斯压力下降速率越快，距离钻孔中心越远，瓦斯压力下降越缓慢，超过抽采钻孔控制范围的煤层瓦斯压力为原始瓦斯压力；随着抽采时间的增加，钻孔抽采的影响范围逐渐增大，在抽采初期，煤层瓦斯压力下降得较快，在抽采后期，煤层瓦斯压力变化较小，经过一定抽采时间后钻孔的瓦斯抽采量会逐渐稳定，这与现场抽采的实际情况相吻合。

不同抽采时间条件下，煤层内钻孔周围渗透率、孔隙率随抽采时间的变化如图 6 - 10 所示。分析图 6 - 10 可以看出，随着

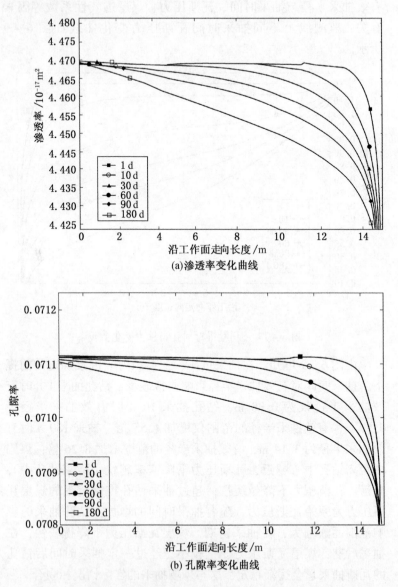

图 6-10　渗透率、孔隙率随抽采时间变化曲线

抽采时间的增加，煤层内渗透率、孔隙率都随着抽采时间呈现不断降低趋势；根据笔者构建的孔隙率和渗透率动态演化模型可知，随着抽采时间的不断增加，会导致煤层内瓦斯压力逐渐降低，结合 Terzaghi 有效应力方程 [式 (6 - 14)] 可知，瓦斯压力降低会导致煤体骨架所承受的有效应力增加，由于有效应力的增加会使煤体压缩变形，煤体的孔隙率、渗透率会逐渐降低；另外，瓦斯抽采导致的瓦斯压力降低，会使煤基质逐渐开始解吸瓦斯发生收缩效应，煤体孔隙率、渗透率会逐渐升高，煤体最终的呈现状态是两种效应相互竞争的结果，如果有效应力占主要地位则煤体孔隙率、渗透率会逐渐降低，若煤基质解吸收缩效应占主导地位的话，煤体孔隙率、渗透率会逐渐增加。根据模拟结果可知，在高瓦斯压力区域，煤体主要受到有效应力的作用，煤层钻孔周围煤体的孔隙率、渗透率呈现下降趋势，随着钻孔抽采影响的程度减小，煤基质解吸收缩效应逐渐加强，孔隙率、渗透率下降趋势逐渐缓慢，模拟得到的结果与理论分析相吻合，这也侧面验证了模拟结果的可靠性。

$$\sigma'_{mn} = \sigma_{mn} - \alpha p \delta_{mn} \qquad (6 - 14)$$

式中　σ'_{mn}——煤体骨架的有效应力，MPa；

　　　σ_{mn}——煤体的有效应力，MPa；

　　　α——Biot 系数；

　　　δ_{mn}——Kronecher 符号。

式中，当 $m = n$ 时为 1，$m \neq n$ 时为 0。

在抽采负压、抽采时间等因素确定的前提下，为了进一步分析抽采钻孔直径对抽采效果的影响，分别模拟了抽采 180 d 时，抽采钻孔直径为 75 mm、94 mm、113 mm、130 mm 时瓦斯抽采情况，监测线上瓦斯压力随钻孔直径的变化曲线如图 6 - 11 所示。

由图 6 - 11 可知，在一定的抽采时间、抽采负压等条件下，随着抽采钻孔直径的增加，钻孔周围煤体的瓦斯压力降低范围逐渐增大，一定程度上增加了瓦斯抽采效果，这主要是由于钻孔直径的增加一方面增加了与煤壁的接触面积，另一方面会导致钻孔周围卸压圈的范围增加，但瓦斯抽采效果与钻孔直径并非线性关系，钻孔直径盲目的增加会导致钻孔施工的难度急剧增加，更容易出现塌孔、卡钻、钻孔堵塞等现象，同时钻孔施工诱导煤与瓦斯突出的可能性也增加。

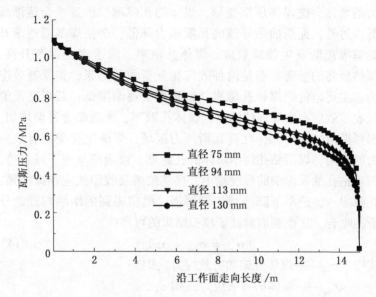

图 6-11   抽采 180 d 不同抽采钻孔直径的瓦斯压力变化曲线

进一步分析图 6-11 可知，抽采 180 d 时，抽采钻孔直径 94 mm 比直径 75 mm 的有效抽采半径明显要大，增加了 0.42 m，但抽采钻孔直径 113 mm 和 130 mm 比直径 94 mm 的有效抽采半径增加速率缓慢，仅分别增加了 0.09 m、0.14 m，有效抽采半径与钻孔直径之间满足幂函数关系。因此，结合现场的施工条件，在保证钻孔抽采效果的前提下，确定 29031 工作面最合理的钻孔直径为 94 mm。

通过对抽采时间、抽采钻孔直径对模拟结果的影响研究可知：

（1）抽采时间对有效抽采半径影响非常显著，钻孔抽采 1 d

时有效抽采半径为0.38 m，钻孔抽采10 d、180 d时有效抽采半径的范围分别增加1.55倍和8.26倍。抽采初期，煤层瓦斯压力下降得较快；抽采后期，煤层瓦斯压力变化较小，经过一定抽采时间后钻孔的瓦斯抽采量会逐渐稳定。

（2）在高瓦斯压力区域，煤体主要受到有效应力的作用，煤层钻孔周围煤体的孔隙率、渗透率呈现下降趋势。随着钻孔抽采影响的程度减小，煤基质解吸收缩效应逐渐加强，孔隙率、渗透率下降趋势逐渐缓慢，模拟结果与理论分析相吻合，这也侧面验证了模拟结果的可靠性。

（3）随着抽采钻孔直径的增加，钻孔周围煤体的瓦斯压力降低范围逐渐增大，但瓦斯抽采效果与钻孔直径并非线性关系，有效抽采半径与钻孔直径之间满足幂函数关系。因此，在保证钻孔抽采效果的前提下，确定29031工作面最优的钻孔直径为94 mm。

6.4　现场工程应用

6.4.1　试验区概况

某矿井田呈北东－西南方向展布，北东－西南长度约10 km，北西－南东宽度约1.15~2.40 km，煤田面积为17.1219 km²，主要开采二₁煤层。经鉴定该矿为煤与瓦斯突出矿井，因此必须采取瓦斯抽采消突措施。29031工作面位于该矿29采区西翼上部，可采走向长约710 m，倾斜宽101.5~126 m，面积72804.2 m²，煤厚3.5~10.8 m，平均厚6.0m，煤层倾角4°~24°，平均角度14°。原始瓦斯压力为1.16 MPa。井下标高为－256~－307 m，地面标高为＋139~＋143 m，埋深395~450 m。29031工作面北为2900工作面（未采），南邻2904工作面（已回采结束），东到29皮带下山保护煤柱，西至29采区边界。该工作面煤层结构较简单，煤层产状为N35°~55°E/SE4°~24°。该工作面的顶底板情况见表6-3。

表6-3 29031工作面顶底板岩性情况

	名称	岩石名称	厚度/m	岩 性 特 征
顶板	基本顶	粉砂岩	0~6.98	灰黑色,含云母、植物化石
	直接顶	砂岩	3.04~16.20	深灰色,质硬、性脆、裂隙发育
	伪顶	泥岩	0.10~4.06	黑色,含植物化石
底板	直接底	泥岩	4.05~11.65	灰黑色,层状,含植物化石
	基本底	粉砂岩	8.70~15.58	深灰色,含植物化石,夹硅质泥岩

6.4.2 本煤层顺层钻孔抽采参数优化的应用

通过对 29031 工作面本煤层顺层钻孔抽采负压和抽采钻孔间距的模拟研究,确定该工作面顺层钻孔抽采负压为 15 kPa,有效抽采半径为 3.2 m,钻孔间距为 6 m,在工作面进风巷和回风巷分别向煤体中心区域布置平行钻孔,钻孔直径为 94 mm,钻孔长度为 60~70 m,将钻孔联网进行抽采,具体布置方式如图 6-12 所示。

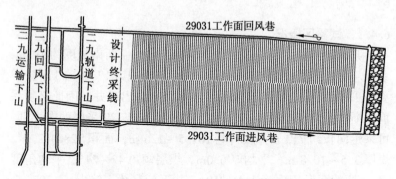

图6-12 29031工作面本煤层顺层钻孔布置示意图

在确定 29031 工作面抽采负压为 15 kPa,钻孔间距为 6 m 的基础上,对该工作面进行瓦斯抽采。抽采 180 d 过程中混合流量由初期的 42.40 m³/min 下降到 36.88 m³/min;抽采瓦斯浓度由初期 16.92% 下降到 10.52%;抽采瓦斯纯量由初期的 7.16 m³/min 下降到 3.58 m³/min。抽采效果十分明显,抽采混合流量在 140 d 左右迅速增加，但抽采瓦斯浓度和纯量反而下降，分析原因可能是抽采钻孔进入空气，具体抽采变化量如图 6 - 13 所示。

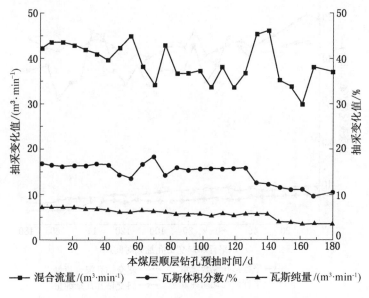

图 6 - 13　29031 工作面本煤层顺层钻孔瓦斯抽采变化量

6.4.3　顺层钻孔与层理面夹角对瓦斯抽采效果的影响

该矿 29031 工作面的层理比较明显，层理方向与煤层底板呈 30°左右。根据第三章真三轴含层理煤体渗流特性试验结果可知，平行层理煤样的渗透率最大，但相对于顺层钻孔瓦斯抽采而言，钻孔方向与层理方向垂直时，瓦斯抽采效果最佳（即瓦斯顺着层理方向更易于汇入抽采钻孔）。

为了进一步验证顺层钻孔与层理面夹角对瓦斯抽采效果的影响，分别在 29031 工作面布置钻孔直径为 94 mm，长度为 60～70 m 的平行钻孔（呈 30°斜交于层理面）和斜交钻孔（呈 90°垂直于层理面）；在前期确定最优抽采负压、钻孔间距等参数的前提下，对 29031 工作面顺层平行钻孔和斜交钻孔的抽采效果进行对比分析。

抽采 180 d 过程中抽采混合流量、瓦斯纯量如图 6－14 所示。

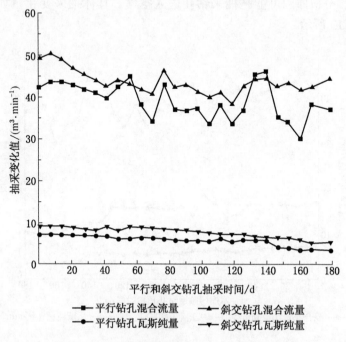

图 6－14　平行和斜交钻孔瓦斯抽采变化量

分析图 6－14 可知，顺层钻孔与层理面夹角对瓦斯抽采效果的影响比较明显。在钻孔布置工程量相同的前提下，抽采 180 d 过程中斜交钻孔平均混合流量比平行钻孔大 3.68 m³/min，斜交钻孔平均瓦斯纯量比平行钻孔大 1.97 m³/min，斜交钻孔的瓦斯抽采效果明显好于平行钻孔。这与第 3 章真三轴含层理煤体渗流特性的试验结果基本吻合。因此，在煤层瓦斯抽采钻孔布置时应尽量使钻孔方向与层理面垂直，以期达到最佳的瓦斯抽采效果。

6.5　本章小结

本章在分析抽采钻孔周围煤体应力分布特征的基础上，建立了煤岩损伤应力场控制方程和气体渗流场控制方程，通过方程联立，实现应力场、变形场、渗流场等多物理场耦合，最后利用 Comsol 模拟软件进行数值模拟研究并进行现场工程应用，主要研究成果如下：

（1）以本构方程、平衡微分方程和几何方程为基础，建立煤岩骨架的变形场方程；以连续性方程、气体状态方程和煤体气体含量方程为基础，建立抽采钻孔周围煤体渗流场控制方程；结合真三轴受载煤体渗透率动态演化模型，建立抽采钻孔周围煤体的流固耦合模型。

（2）根据本煤层卸压瓦斯抽采的渗流特性，充分考虑Klinkenberg 效应、有效应力和解吸收缩对瓦斯渗流及煤岩体变形的影响，建立描述耦合作用下煤骨架可变性和瓦斯气体可压缩的流固耦合模型；考虑 Klinkenberg 效应与未考虑 Klinkenberg 效应相比，在抽采钻孔附近，考虑 Klinkenberg 效应影响的瓦斯压力下降更快，而距离抽采钻孔越远，Klinkenberg 效应的影响越小。

（3）在抽采时间一定的前提下，抽采负压对煤层瓦斯压力的下降影响不明显，抽采负压与有效抽采半径之间满足幂函数关系：$y = 3.05x^{0.011}$，相关系数为 0.95；随着抽采负压的增加，有效抽采半径缓慢增加，当抽采负压达到一定数值时，存在一个临界值，超过该临界值后抽采负压对有效抽采半径几乎不再影响，结合 29031 工作面的实际情况，确定 29031 工作面顺层钻孔合理的抽采负压为 15 kPa。

（4）抽采钻孔间距对煤层瓦斯压力的下降和抽采效果影响明显，考虑现场的复杂性和不均衡性，需要增加 30% 的安全余量，结合 29031 工作面的实际情况进行现场应用，确定该工作面抽采 180 d 后钻孔间距为 6 m 时，瓦斯压力下降幅度及范围最大，同时有效地避免了"空白带"和抽采的无效叠加。根据模拟成果在某矿 29031 工作面布置顺层钻孔抽采 180 d 后，抽采瓦斯纯量由 7.16 m³/min 下降到 3.58 m³/min，抽采效果十分明显。

（5）抽采时间对有效抽采半径影响非常显著，钻孔抽采 1 d 时有效抽采半径为 0.38 m，钻孔抽采 10 d、180 d 时有效抽采半径的范围分别增加 1.55 倍和 8.26 倍。抽采初期，煤层瓦斯压力下降得较快；抽采后期，煤层瓦斯压力变化较小，经过一定抽采时间后钻孔的瓦斯抽采量会逐渐稳定。在高瓦斯压力区域，煤体主要受到有效应力的作用，煤层钻孔周围煤体的孔隙率、渗透率呈现下降趋势。随着钻孔抽采影响的程度减小，煤基质解吸收缩效应逐渐加强，孔隙率、渗透率下降趋势逐渐缓慢，模拟结果与理论分析相吻合，这也侧面验证了模拟结果的可靠性。随着抽采钻孔直径的增加，钻孔周围煤体的瓦斯压力降低范围逐渐增大，但瓦斯抽采效果与钻孔直径并非线性关系，有效抽采半径与钻孔直径之间满足幂函数关系。因此，在保证钻孔抽采效果的前提下，确定 29031 工作面最优的钻孔直径为 94 mm。

（6）顺层钻孔与层理面夹角对瓦斯抽采效果的影响比较明显，在钻孔布置工程量相同的前提下，抽采 180 d 过程中斜交钻孔平均混合流量比平行钻孔多 3.68 m³/min，斜交钻孔平均瓦斯纯量比平行钻孔多 1.97 m³/min，斜交钻孔的瓦斯抽采效果明显好于平行钻孔，这与第 3 章真三轴含层理煤体渗流特性的试验结果基本吻合。因此，在煤层瓦斯抽采钻孔布置时应尽量使钻孔方向与层理面垂直，以期达到最佳的瓦斯抽采效果。

7 结论与展望

本书从研究真三轴条件下不同层理受载煤体渗流特性及裂隙扩展特征入手，首先从细观微观角度分析煤体受载前后裂隙微观结构及不同层理煤样受力前后形态特性差异，开展真三轴条件下受载煤体的渗流特性实验研究，建立真三轴条件下渗流特性与最大主应力、中间主应力、最小主应力、有效应力、不同层理构造之间的定性与定量关系，其次建立考虑 Klinkenberg 效应、瓦斯压力压缩变形、吸附膨胀和有效应力影响的真三轴载荷煤体渗透率动态演化模型及煤岩损伤与渗流耦合模型，并进行煤岩损伤与渗透特性的数值模拟研究及现场应用，研究成果可为优化瓦斯抽采布置参数和提高瓦斯抽采率提供一定的理论依据。

7.1 主要结论

（1）针对试验煤样进行压汞测试和工业分析的基础上，采用扫描电镜对受载前后煤体进行微米级测试可知，煤样受载后其致密结构遭到破坏，有大量裂隙生成，原始的孔洞也进一步连通，明显观察到大量剪切裂隙，这会增加煤体的渗透性。利用高分辨率透射电镜对煤体受载前后的内部微观结构进行测试可知，煤体受到载荷破坏后使孔隙、裂隙纹数明显增多，这有利于裂纹的扩展、发育和贯通，最终使煤体的渗透率明显增大。

（2）利用 TAW - 2000 kN 电液伺服岩石压力机对不同层理煤样进行单轴压缩实验可知，垂直层理煤样的单轴抗压强度、弹性模量最大，泊松比最小；斜交层理煤样的单轴抗压强度、弹性模量最小，泊松比最大；平行层理的单轴抗压强度、弹性模量和泊松比均介于垂直层理和斜交层理之间，且斜交层理的总位移量>平行层理>垂直层理。采用 SH – Ⅱ 声发射系统对试验过程中的声发射信号进行监测可知，垂直、平行和斜交层理煤样在 200 s、130 s 和 100 s 时有明显的声发射信号突变，垂直、平行和斜交层理煤样声发射突变点分别为峰值应力的 60%、41% 和 33% 左右。

（3）根据真三轴受载煤体渗流试验结果，垂直、平行和斜交层理煤样加载初期的渗透率为 0.0181 mD、0.1352 mD、0.0822 mD，垂直层理煤样加载初期的渗透率仅为平行层理、斜交层理的 13.5%、22.2%；垂直、平行和斜交层理煤样在加载末期的渗透率分别为 0.00384 mD、0.00635 mD、0.00739 mD，其渗透率分别降低了 78.9%、95.3%、90.9%。不同层理煤样的渗透率与最大主应力 σ_1、中间主应力 σ_2、最小主应力 σ_3 和有效应力均呈指数函数关系，$k = a + b\exp[-c(\sigma_i)](i = 1/2/3/e)$，随着应力的增加渗透率逐渐降低，垂直、平行和斜交层理煤样在最大主应力、中间主应力和最小主应力加载阶段渗透率的降低幅度分别为 74.1%、16.9%、9.0%，58.8%、27.8%、13.4%，67.4%、21.3%、11.3%。在恒定中间主应力 σ_2 和最小主应力 σ_3 条件下（即 $\sigma_2 = \sigma_3 = 2$ MPa），加载最大主应力 σ_1 直至煤样破坏，加载至渗透率上升初期就停止最大主应力 σ_1 的加载。不同层理煤样变形破坏过程均为应力加载初期渗透率急剧下降，随着应力的不断增加渗透率下降速度明显变缓，垂直、平行和斜交层理煤样的 C – D 边界对应的最大主应力分别为 25 MPa、22 MPa、19 MPa。

（4）根据受载含层理煤体裂隙演化与渗流特性数值模拟结果，垂直、平行和斜交层理煤样在加载的初始阶段，均随着应力的不断加载而被逐渐压密，原始孔隙和层理裂隙面不断闭合，尤其以层理裂隙面附近的压密效果最明显，而声发射图中不同层理煤样的抗压、抗拉破坏也主要出现在预制层理裂隙面附近，随着应力的加载，不同层理煤样的抗压破坏逐渐增加，煤样的抗压破坏点明显比抗拉破坏点多，且大致沿着预制层理裂隙面裂隙演化方向分布，其中斜交层理煤样的 3 条预制层理中间 1 条的破坏最明显。随着应力的加载在层理裂隙面出现零星新裂纹，当最大主应力分别加载到 28 MPa、22 MPa、20 MPa 时，垂直、平行和斜交层理煤样原始的孔隙裂隙、层理裂隙面和新萌生的裂隙进一步扩展，局部区域出现贯通，煤样逐渐进入失稳破坏阶段。不同层理煤样的气体渗流压力场均随着应力场的变化而变化，在最大主应力 σ_1 小于 8 MPa 时，煤样中的气体比较稳定均匀的渗流，煤样中气体渗流压力场梯度曲线接近于直线分布，随着应力的加载煤样出现零星的裂纹，在裂纹出现的地方气体渗流压力场梯度曲线发生明显变化，呈凹凸不平的波浪状分布。

（5）在考虑煤体受到载荷后的变形主要由瓦斯吸附膨胀变形和瓦斯压力压缩变形组成的基础上，构建了载荷煤体的孔隙率动态演化模型；基于孔隙率动态变化特征的有效应力公式及煤体渗透率和孔隙率立方关系，建立真三轴载荷煤样的渗透率演化模型，受载煤体的孔隙率和渗透率动态演化模型为

$$\varphi = 1 - \frac{1 - \varphi_0}{1 + \varepsilon_v}\left[1 + \frac{3a\rho_s RT}{E_0 V_m}\ln(1 + bp) - K_Y(p - p_0)\right]$$

$$\frac{k}{k_0} = \left\{\frac{1}{\varphi_0} - \frac{(1 - \varphi_0)\left[1 + \dfrac{3a\rho_s RT}{E_0 V_m}\ln(1 + bp) - K_Y(p - p_0)\right]}{\varphi_0\left\{1 + \dfrac{3a\rho_s RT}{E_0 V_m}\ln(1 + bp) - \dfrac{(\sigma_1 + \sigma_2 + \sigma_3)/3 - (1 - K/K_m)p}{K}\right\}}\right\}^3$$

（6）根据本煤层顺层钻孔瓦斯抽采的渗流特性，考虑 Klinkenberg 效应、瓦斯压力压缩变形、吸附膨胀和有效应力的影响，建立了抽采钻孔周围煤体的流固耦合模型并在某矿 29031 工作面进行现场应用，在抽采钻孔附近，考虑 Klinkenberg 效应影响的瓦斯压力下降更快，而距离抽采钻孔越远，Klinkenberg 效应的影响越小。在抽采时间一定的前提下，抽采负压对煤层瓦斯压力的下降影响不明显，抽采负压与有效抽采半径之间满足幂函数关系：$y = 3.05x^{0.011}$，相关系数为 0.95，确定 29031 工作面顺层钻孔合理的抽采负压为 15 kPa。抽采钻孔间距对煤层

瓦斯压力的下降和抽采效果影响明显，考虑现场的复杂性和不均衡性，需要增加 30% 的安全余量，结合 29031 工作面的实际情况进行现场应用，确定该工作面抽采 180 d 后钻孔间距为 6 m 时，瓦斯压力下降幅度及范围最大，同时有效地避免了"空白带"和抽采的无效叠加。根据研究成果在某矿 29031 工作面布置顺层钻孔抽采 180 d 后，抽采瓦斯纯量由 7.16 m³/min 下降到 3.58 m³/min，抽采效果十分明显。进一步分析顺层钻孔与层理面夹角对瓦斯抽采效果的影响可知，在钻孔布置工程量相同的前提下，斜交钻孔的瓦斯抽采效果明显好于平行钻孔，这与真三轴载荷含层理煤体渗流特性的试验结果基本吻合。因此，在煤层瓦斯抽采钻孔布置时应尽量使钻孔方向与层理面垂直，以期达到最佳的瓦斯抽采效果。

7.2　创新点

（1）分析不同层理煤体受载前后裂隙微观结构及受力前后形态特性的差异，煤样受载后致密结构遭到破坏，有大量裂隙生成，原始的孔洞进一步连通，明显观察到大量剪切裂隙，孔隙、裂隙纹数也明显增多，这有利于裂纹的发育、扩展和贯通，使煤体的渗透率明显增大。

（2）分析不同层理构造及不同载荷过程的应力变化条件下受载煤体渗透率动态演化特性和裂隙发育扩展机制，建立了真三轴条件下载荷煤体渗流特性与最大主应力、中间主应力、最小主应力、有效应力和不同层理构造之间的定性与定量关系。

（3）构建了考虑 Klinkenberg 效应、瓦斯压力压缩变形、吸附膨胀和有效应力影响的真三轴载荷煤体渗透率动态演化模型及煤岩损伤与渗流耦合模型，利用多物理场数值模拟软件对建立的模型进行现场应用及验证。

7.3　有待进一步解决的问题

在查阅大量国内外文献资料和充分调研的基础上，基于岩石力学、卸荷岩体力学、弹性力学、损伤力学、矿山流体力学、渗流力学等相关理论，本书在真三轴条件下不同层理受载煤体渗流特性及其应用研究方面取得了一些研究成果，但由于试验手段、方法、时间和自身学识水平等诸多原因的限制，还有许多问题需要进一步完善和解决，主要有以下几个方面：

（1）本书开展了真三轴条件下载荷煤体渗流特性试验，但考虑对使用危险气体的严格限制、实验设备出口流量测试系统的特殊性和实验室及人员的安全性，本书所做的渗流特性试验用氮气代替甲烷，希望以后逐步完善改进实验设备和实验室的安全性，进一步分析不同吸附气体对试验结果的影响。

（2）由于各种原因的限制，本书真三轴载荷煤体渗流特性试验主要在加载试验路径条件下开展研究，针对复合加卸载等复杂路径以及不同气体压力、温度的影响将在后续的实验研究中进行深入的探讨。

（3）随着煤矿开采深度的不断加深，煤层瓦斯压力、温度、地应力都逐渐增加，而本书构建的抽采钻孔周围煤体流固耦合模型是否适合于深部开采煤层需要进一步研究和验证。

参 考 文 献

[1] 中国产业经济信息网. 煤炭行业"十二五"发展规划.

[2] Wu J, Jiang X H. Retrieval of atmospheric CO_2 form ground – based high resolution FTS spectra [J]. Spectroscopy and Spectral Analysis, 2013, 33 (5): 1281 – 1284.

[3] 崔民选, 王军生, 陈义和. 中国能源发展报告 [M]. 北京: 北京社会科学文献出版社, 2013.

[4] 张德江. 大力推进煤矿瓦斯抽采利用 [J]. 中国安全生产科学技术, 2010, 6 (1): 5 – 7.

[5] 李波. 受载含瓦斯煤渗流特性及其应用研究 [D]. 北京: 中国矿业大学 (北京), 2013.

[6] Li M H, Yin G Z, Xu J. Permeability evolution of shale under anisotropic true triaxial stress conditions [J]. International Journal of Coal Geology, 2016, 165: 142 – 148.

[7] Levasseur S, Welemane H, Kondo D. A microcracks – induced damage model for initially anisotropic rocks accounting for microcracks closure [J]. International Journal of Rock Mechanics and Mining Sciences, 2015, 77: 122 – 132.

[8] Espinoza D N, Pereira J M, Vandamme M, et al. Desorption – induced shear failure of coal bed seams during gas depletion [J]. International Journal of Coal Geology. 2015, 137: 142 – 151.

[9] Hu S, Wang E, Kong X. Damage and deformation control equation for gas – bearing coal and its numerical calculation method [J]. Journal of Natural Gas Science and Engineering, 2015, 25: 166 – 179.

[10] Song D, Wang E, Li Z, et al. Energy dissipation of coal and rock during damage and failure process based on EMR [J]. International Journal of Mining Science and Technology, 2015, 25 (5): 787 – 795.

[11] 张慧梅, 雷利娜, 杨更社. 等围压条件下岩石本构模型及损伤特性 [J]. 中国矿业大学学报, 2015 (01): 59 – 63.

[12] 周科平, 胡振襄, 李杰林, 等. 基于核磁共振技术的大理岩卸荷损伤演化规律研究 [J]. 岩石力学与工程学报, 2014 (S2): 3523 – 3530.

[13] 朱珍德, 黄强, 王剑波, 等. 岩石变形劣化全过程细观试验与细观损伤力学模型研究 [J]. 岩石力学与工程学报, 2013 (06): 1167 - 1175.

[14] Klawitter M, Esterle J, Collins S. A study of hardness and fracture propagation in coal [J]. International Journal of Rock Mechanics and Mining Sciences, 2015, 76: 237 - 242.

[15] Lu Y, Wang L. Numerical simulation of mining - induced fracture evolution and water flow in coal seam floor above a confined aquifer [J]. Computers and Geotechnics, 2015, 67: 157 - 171.

[16] 张勇, 张春雷, 赵甫. 近距离煤层群开采底板不同分区采动裂隙动态演化规律 [J]. 煤炭学报, 2015 (04): 786 - 792.

[17] 胡永忠, 刘长郓, 刘长友, 等. 煤层群混合开采采动裂隙发育规律研究 [J]. 采矿与安全工程学报, 2015 (03): 396 - 400.

[18] 肖鹏, 李树刚, 林海飞, 等. 基于物理相似模拟实验的覆岩采动裂隙演化规律研究 [J]. 中国安全生产科学技术, 2014 (04): 18 - 23.

[19] 李宏艳, 王维华, 齐庆新, 等. 基于分形理论的采动裂隙时空演化规律研究 [J]. 煤炭学报, 2014 (06): 1023 - 1030.

[20] 袁亮, 郭华, 沈宝堂, 等. 低透气性煤层群煤与瓦斯共采中的高位环形裂隙体 [J]. 煤炭学报, 2011 (03): 357 - 365.

[21] 李树刚, 林海飞, 赵鹏翔, 等. 采动裂隙椭抛带动态演化及煤与甲烷共采 [J]. 煤炭学报, 2014 (08): 1455 - 1462.

[22] 钱鸣高, 许家林. 覆岩采动裂隙分布的 "O" 形圈特征研究 [J]. 煤炭学报, 1998 (05): 20 - 23.

[23] 许家林, 朱卫兵, 王晓振, 等. 浅埋煤层覆岩关键层结构分类 [J]. 煤炭学报, 2009 (07): 865 - 870.

[24] 尹光志, 李文璞, 李铭辉, 等. 不同加卸载条件下含瓦斯煤力学特性试验研究 [J]. 岩石力学与工程学报, 2013, 32 (5): 891 - 901.

[25] 尹光志, 李文璞, 李铭辉, 等. 加卸载条件下原煤渗透率与有效应力的规律 [J]. 煤炭学报, 2014, 39 (8): 1497 - 1503.

[26] 尹光志, 王浩, 张东明. 含瓦斯煤卸围压蠕变试验及其理论模型研究 [J]. 煤炭学报, 2011, 36 (12): 1963 - 1967.

[27] 王登科, 魏建平, 尹光志. 复杂应力路径下含瓦斯煤渗透性变化规律研究 [J]. 岩石力学与工程学报, 2012, 31 (2): 303 - 310.

[28] 许江, 李波波, 周婷, 等. 循环荷载作用下煤变形及渗透特性的试验研究 [J]. 岩石力学与工程学报, 2014, 33 (2): 226–234.

[29] 袁梅, 徐江, 李波波, 等. 气体压力加卸载过程中无烟煤变形及渗透特性的试验研究 [J]. 岩石力学与工程学报, 2014, 33 (10): 2138–2146.

[30] 李鹏. 复合加卸载条件下含瓦斯煤渗流特性及其应用研究 [D]. 北京: 中国矿业大学 (北京), 2015.

[31] 苏承东, 熊祖强, 翟新献, 等. 三轴循环加卸载作用下煤样变形及强度特征分析 [J]. 采矿与安全工程学报, 2014, 31 (3): 456–461.

[32] 彭瑞东, 鞠杨, 高峰, 等. 三轴循环加卸载下煤岩损伤的能量机制分析 [J]. 煤炭学报, 2014, 39 (2): 245–252.

[33] 赵洪宝, 尹光志. 循环载荷作用下突出煤力学性质演化分析 [J]. 重庆大学学报, 2012, 35 (3): 1–5.

[34] 徐佑林, 康红普, 张辉, 等. 卸荷条件下含瓦斯煤力学特性试验研究 [J]. 岩石力学与工程学报, 2014, 33 (s2): 3476–3488.

[35] Wang S, Elsworth D, Liu J. Mechanical Behavior of Methane Infiltrated Coal: the Roles of Gas Desorption, Stress Level and Loading Rate [J]. Rock Mechanics and Rock Engineering, 2013, 46 (5): 945–958.

[36] Liu S, Harpalani S, Pillalamarry M. Laboratory measurement and modeling of coal permeability with continued methane production: Part 2 – Modeling results [J]. Fuel, 2012, 94: 117–124.

[37] Liu J, Wang J, Chen Z, et al. Impact of transition from local swelling to macro swelling on the evolution of coal permeability [J]. International Journal of Coal Geology, 2011, 88 (1): 31–40.

[38] 李祥春, 郭勇义, 吴世跃, 等. 煤体有效应力与膨胀应力之间关系的分析 [J]. 辽宁工程技术大学学报, 2007, 26 (4): 535–537.

[39] 唐巨鹏, 潘一山, 李成全, 等. 有效应力对煤层气解吸渗流影响试验研究 [J]. 岩石力学与工程学报. 2006 (08): 1563–1568.

[40] 吴世跃, 赵文. 含吸附煤层气煤的有效应力分析 [J]. 岩石力学与工程学报, 2005 (10): 1674–1678.

[41] 刘星光, 高峰, 张志镇, 等. 考虑损伤的含瓦斯煤有效应力方程 [J]. 科技导报, 2013, 31 (3): 38–41.

[42] 祝捷, 姜耀东, 赵毅鑫, 等. 考虑吸附作用的各向异性煤体有效应

力［J］．中国矿业大学学报，2010，39（5）：699 – 704.

[43] 卢平，沈兆武，朱贵旺，等．含瓦斯煤的有效应力与力学变形破坏特性［J］．中国科学技术大学学报，2001（06）：55 – 62.

[44] 张朝鹏，高明忠，张泽天，等．不同瓦斯压力原煤全应力应变过程中渗透特性研究［J］．煤炭学报，2015（04）：836 – 842.

[45] 张敏．气体压力升降过程含瓦斯煤变形与渗流规律及其影响因素的试验研究［D］．重庆：重庆大学，2014.

[46] 李建楼，严家平，胡水根．气体压力对煤体瓦斯渗透特征的影响［J］．采矿与安全工程学报，2013（02）：307 – 310.

[47] 许江，曹偈，李波波，等．煤岩渗透率对孔隙压力变化响应规律的试验研究［J］．岩石力学与工程学报，2013，32（2）：225 – 230.

[48] 曹树刚，郭平，李勇，等．瓦斯压力对原煤渗透特性的影响［J］．煤炭学报，2010，35（4）：595 – 599.

[49] 王刚，程卫民，郭恒，等．瓦斯压力变化过程中煤体渗透率特性的研究［J］．采矿与安全工程学报，2012，29（5）：735 – 740.

[50] 尹光志，李小双，赵洪宝，等．瓦斯压力对突出煤瓦斯渗流影响试验研究［J］．岩石力学与工程学报，2009，28（4）：697 – 702.

[51] Koenig R, Stubbs P. Interference testing of a coalbed methane reservoir [C]. Proceedings of the SPE Unconventional Gas Technology Symposium, F, 1986.

[52] Gash B W, Volz R F, Potter G, et al. The effects of cleat orientation and confining pressure on cleat porosity, permeability and relative permeability in coal [J], Paper, 1992, 93 (21): 17 – 21.

[53] Wang S, Elsworth D, Liu J. Permeability evolution during progressive deformation of intact coal and implications for instability in underground coal seams [J]. International Journal of Rock Mechanics and Mining Sciences, 2013, 58: 34 – 45.

[54] Wang S, Elsworth D, Liu J. Permeability evolution in fractured coal: The roles of fracture geometry and water content [J]. International Journal of Coal Geology. 2011, 87 (1): 13 – 25.

[55] Li H, Ogawa Y, Shimada S. Mechanism of methane flow through sheared coals and its role on methane recovery [J]. Fuel, 2003, 82 (10): 1271 – 1279.

[56] 黄学满. 煤结构异性对瓦斯渗透特性影响的实验研究 [J]. 矿业安全与环保, 2012, 39 (2): 1-3.

[57] Nasseri M H B, Goodfellow S D, Lombos L, et al. 3-D transport and acoustic properties of Fontainebleau sandstone during true-triaxial deformation experiments [J]. International Journal of Rock Mechanics and Mining Sciences, 2014, 69: 1-18.

[58] Kaunda R. New artificial neural networks for true triaxial stress state analysis and demonstration of intermediate principal stress effects on intact rock strength [J]. Journal of Rock Mechanics and Geotechnical Engineering, 2014, 6 (4): 338-347.

[59] 杜坤. 真三轴卸载下深部岩体破裂特性及诱发型岩爆机理研究 [D]. 长沙: 中南大学, 2013.

[60] 邓国华, 邵生俊. 基于真三轴试验的黄土结构性变化规律研究 [J]. 岩土力学. 2013 (03): 679-684.

[61] Miao J L, Jia X N, Cheng C. The Failure Characteristics of Granite under True Triaxial unloading Condition [J]. Procedia Engineering, 2011, 26: 1620-1625.

[62] 张坤勇, 朱俊高, 吴晓铭, 等. 复杂应力条件下掺砾黏土真三轴试验 [J]. 岩土力学, 2010 (09): 2799-2804.

[63] Xie HQ, He C H. Study of the unloading characteristics of a rock mass using the triaxial test and damage mechanics [J]. International Journal of Rock Mechanics Miningn Sciences, 2010, 47 (2): 286-298.

[64] 徐志伟. 土体各向异性变形特性真三轴试验研究 [D]. 南京: 河海大学, 2003.

[65] P. Massarotto, V. Rudolph, S. D. Golding. Anisotropic Permeability Characterisation of Permian Coals [C]. International Coalbed Methane Symposium. The University of Alabama, 2003: 1-11.

[66] 聂百胜, 何学秋, 李祥春, 等. 真三轴应力作用下煤体瓦斯渗流规律实验研究 [C] //第四届深部岩体力学与工程灾害控制学术研讨会暨中国矿业大学 (北京) 百年校庆学术会议论文集. 2009.

[67] 宫伟力, 冯旭伟, 胡安琪, 等. 煤岩瓦斯渗流真三轴物理模拟实验研究 [C] //北京力学会第 17 届学术年会论文集. 2011: 321-329.

[68] 尹光志, 李铭辉, 许江, 等. 多功能真三轴流固耦合试验系统的研

制与应用 [J]. 岩石力学与工程学报, 2015: 1 – 10.

[69] 李文鑫, 王刚, 杜文州. 真三轴气固耦合煤体渗流试验系统的研制及应用 [J]. 岩土力学, 2016, 37 (7): 2109 – 2118.

[70] 傅雪海, 秦勇, 张万红. 基于煤层气运移的煤孔隙分形分类及自然分类研究 [J]. 科学通报, 2005, 50 (1): 51 – 55.

[71] 元中立. 煤的孔隙系统分形规律的研究 [J]. 煤矿安全, 1994, 6: 2 – 5.

[72] 徐龙君, 张代钧, 鲜学福. 煤微孔的分形结构特征及其研究方法 [J]. 煤炭转化, 1995, 18 (1): 31 – 38.

[73] 孙波, 王魁军, 张兴华. 煤的分形孔隙结构特征的研究 [J]. 煤矿安全, 1999, 1: 38 – 40.

[74] 桑树勋, 朱炎铭, 张时音, 等. 煤吸附气体的固气作用机理 (I) – 煤孔隙结构与固气作用 [J]. 天然气工业, 2005, 25 (1): 14 – 19.

[75] 郝富昌. 基于多物理场耦合的瓦斯抽采参数优化研究 [D]. 北京: 中国矿业大学 (北京), 2012.

[76] 吕闰生. 受载瓦斯煤体变形渗流特征及控制机理研究 [D]. 北京: 中国矿业大学 (北京), 2014.

[77] 潘荣锟, 王力, 陈向军, 等. 卸载煤体渗透特性及微观结构应力效应研究 [J]. 煤炭科学技术, 2013, 41 (7): 75 – 78.

[78] 张慧, 王晓刚. 煤的显微构造及其储集性能 [J]. 煤田地质与勘探, 1998, 26 (6): 34 – 36.

[79] 苏现波, 冯艳丽, 陈江峰. 煤中裂隙的分类 [J]. 煤田地质与勘探, 2002, 30 (4): 21 – 24.

[80] 苏现波, 陈江峰, 孙俊民, 等. 煤层气地质学与勘探开发 [M]. 北京: 科学出版社, 2001.

[81] Ходот В В, 宋世钊, 王佑安译. 煤与瓦斯突出 [M]. 北京: 中国工业出版社, 1966.

[82] Gan H, Nandi S P, Walker P L. Nature of porosity in American coals [J]. Fuel, 1972, 51: 272 – 277.

[83] 吴俊. 中国煤成烃基本理论与实践 [M]. 北京: 煤炭工业出版社, 1994.

[84] 秦勇. 中国高煤级煤的显微岩石学特征及结构演化 [M]. 徐州: 中国矿业大学出版社, 1994.

[85] 秦勇, 徐志伟, 张井. 高煤级煤孔径结构的自然分类及其应用 [J]. 煤炭学报, 1995, 20 (3): 266 – 251.

[86] 邹艳荣, 杨起. 煤中的孔隙与裂隙 [J]. 中国煤田地质, 1998, 10 (4): 39 – 40.

[87] 王桂荣, 王富民, 辛峰, 等. 利用分形几何确定多孔介质的孔尺寸分布 [J]. 石油学报, 2002, 18 (3): 86 – 91.

[88] 钟玲文, 张慧, 员争荣, 等. 煤的比表面积、孔体积及其对煤吸附能力的影响 [J]. 煤田地质与勘探, 2002, 30 (3): 26 – 29.

[89] 陈金刚, 宋全友, 秦勇. 煤层割理在煤层气开发中的实验研究 [J]. 煤田地质与勘探, 2002, 30 (2): 26 – 28.

[90] 潘荣锟. 载荷煤体渗透率演化特性及在卸压瓦斯抽采中的应用 [D]. 徐州: 中国矿业大学, 2014.

[91] 王生维, 陈钟惠. 煤储层孔隙、裂隙系统研究进展 [J]. 地质科技情报, 1995, 14 (1): 54 – 58.

[92] 肖福坤, 段立群, 葛志会. 采煤工作面底板破裂规律及瓦斯抽放应用 [J]. 煤炭学报. 2010, 35 (3): 417 – 419.

[93] Li Huoyin, Shimada Sohei, Zhang Ming. Anisotropy of gas permea – bility associated with cleat pattern in a coal seam of the Kushiro coalfield in Japan [J]. Environmental Geology, 2004, 47: 45 – 50.

[94] 潘荣锟, 程远平, 董骏, 等. 不同加卸载下层理裂隙煤体的渗透特性研究 [J]. 煤炭学报, 2014 (03): 473 – 477.

[95] 于永江, 王来贵, 赵娜. 冲量及层理对煤块冲击韧度的影响 [J]. 辽宁工程技术大学学报, 2006, 25 (6): 842 – 844.

[96] 陈金刚, 秦勇, 宋全友, 等. 割理方向与煤层气抽放效果的关系及预测模型 [J]. 中国矿业大学学报, 2003, 32 (3): 223 – 226.

[97] 毕建军, 苏现波. 煤层割理与煤级的关系 [J]. 煤炭学报, 2001, 26 (4): 346 – 349.

[98] Majewska Z, Majewski S, Zietek J. Swelling and acoustic emission behavior of unconfined and confined coal during sorption of CO_2 [J]. International Journal of Coal Geology, 2013 (116/117): 17 – 25.

[99] Vinnikov V A, Voznesenskii A S, Ustinov K B, et al. Theoretical models of acoustic emission in rock with different heating regimes [J]. Journal of Applied Mechanics and Technical Physics, 2010, 51 (1): 84 – 88.

[100] Shkuratnik V L, Filimonov L, Kuchurin S V. Regularities of acoustic emission in coal samples under triaxial compression [J]. Journal of Mining Science, 2005, 41 (1): 44 – 52.

[101] 许江, 耿加波, 彭守建, 等. 不同含水率条件下煤与瓦斯突出的声发射特性 [J]. 煤炭学报, 2015 (05): 1047 – 1054.

[102] 高保彬, 李回贵, 李化敏, 等. 含水煤样破裂过程中的声发射及分形特性研究 [J]. 采矿与安全工程学报, 2015 (04): 665 – 670.

[103] 沈荣喜, 杨胜利, 邓晓谦, 等. 水对煤样的力学特性及声电特征影响分析 [J]. 煤炭科学技术, 2014 (11): 11 – 13.

[104] 苏承东, 郭保华, 唐旭. 漳村煤矿两种尺度煤样单轴压缩声发射特征的试验研究 [J]. 煤炭学报, 2013 (S1): 12 – 18.

[105] 左建平, 裴建良, 刘建锋, 等. 煤岩体破裂过程中声发射行为及时空演化机制 [J]. 岩石力学与工程学报, 2011 (08): 1564 – 1570.

[106] 曹树刚, 刘延保, 张立强. 突出煤体变形破坏声发射特征的综合分析 [J]. 岩石力学与工程学报, 2007, 26 (S1): 2794 – 2799.

[107] 李宏艳, 康立军, 徐子杰, 等. 不同冲击倾向煤体失稳破坏声发射先兆信息分析 [J]. 煤炭学报, 2014, 39 (2): 384 – 388.

[108] 肖福坤, 刘刚, 申志亮, 等. 循环载荷作用下煤样能量转化规律和声发射变化特征 [J]. 岩石力学与工程学报, 2016: 35 (1): 1 – 11.

[109] 肖福坤, 刘刚, 申志亮. 桃山 90 ~ #煤层有效弹性能量释放速度研究 [J]. 岩石力学与工程学报, 2015 (S2): 4216 – 4225.

[110] 肖福坤, 申志亮, 刘刚, 等. 循环加卸载中滞回环与弹塑性应变能关系研究 [J]. 岩石力学与工程学报, 2014 (09): 1791 – 1797.

[111] 罗浩, 潘一山, 赵扬锋, 等. 受载煤体加载破坏声 – 电前兆信息试验研究 [J]. 煤炭学报, 2015 (03): 548 – 554.

[112] 何俊, 潘结南, 王安虎. 三轴循环加卸载作用下煤样的声发射特征 [J]. 煤炭学报, 2014 (01): 84 – 90.

[113] 张泽天, 刘建锋, 王璐, 等. 煤的直接拉伸力学特性及声发射特征试验研究 [J]. 煤炭学报, 2013 (06): 960 – 965.

[114] 赵洪宝, 杨胜利, 仲淑姮. 突出煤样声发射特性及发射源试验研究 [J]. 采矿与安全工程学报, 2010 (04): 543 – 547.

[115] 卢守青. 基于等效基质尺度的煤体力学失稳及渗透性演化机制与应

用［D］．徐州：中国矿业大学，2016．

［116］胡少斌．多尺度裂隙煤体气固耦合行为及机制研究［D］．徐州：中国矿业大学，2015．

［117］李波波．不同开采条件下煤岩损伤演化与煤层瓦斯渗透机理研究［D］．重庆：重庆大学，2014．

［118］李文璞．采动影响下煤岩力学特性及瓦斯运移规律研究［D］．重庆：重庆大学，2014．

［119］张敏．气体压力升降过程含瓦斯煤变形与渗流规律及其影响因素的试验研究［D］．重庆：重庆大学，2014．

［120］刘震．水力化钻孔径向瓦斯渗流特性实验研究与应用［D］．徐州：中国矿业大学，2014．

［121］田坤云．高压水载荷下煤体变形特性及瓦斯渗流规律研究［D］．徐州：中国矿业大学（北京），2014．

［122］陈海栋．保护层开采过程中卸载煤体损伤及渗透性演化特征研究［D］．徐州：中国矿业大学，2013．

［123］安丰华．煤与瓦斯突出失稳蕴育过程及数值模拟研究［D］．徐州：中国矿业大学，2014．

［124］崔巍．含瓦斯煤岩多场耦合破裂机理研究［D］．西安：西安科技大学，2014．

［125］李铭辉．采动条件下煤岩力学特性及瓦斯运移时空演化规律［D］．重庆：重庆大学，2013．

［126］魏明尧．含瓦斯煤体气固耦合渗流机理及应用研究［D］．徐州：中国矿业大学，2013．

［127］黄启翔．卸围压条件下含瓦斯煤岩力学特性的研究［D］．重庆：重庆大学，2011．

［128］陈仕阔．裂隙煤岩气水两相渗流与固体变形耦合作用研究［D］．沈阳：东北大学，2012．

［129］蔡波．循环载荷和卸围压下突出煤的力学与渗流特性研究［D］．重庆：重庆大学，2010．

［130］郭平．基于含瓦斯煤体渗流特性的研究及固气耦合模型的构建［D］．重庆：重庆大学，2010．

［131］许小凯．煤层气直井排采中煤储层应力敏感性及其压降传播规律［D］．北京：中国矿业大学（北京），2016．

[132] 陈亮. 工作面前方煤体变形破坏和渗透率演化及其应用研究 [D]. 北京：中国矿业大学 (北京)，2016.

[133] 景岷雪，袁小玲. 碳酸盐岩岩心应力敏感性试验研究 [J]. 天然气工业，2002，20 (S)：114 - 117.

[134] 陈剑文，杨春和，郭印同. 基于盐岩压缩 - 扩容边界理论的盐岩储气库密闭性分析研究 [J]. 岩石力学与工程学报，2009，28 (S2)：3302 - 3308.

[135] Cristescu N. A procedure to determine nonassociated constitutive equations for geomaterials [J]. International journal of plasticity, 1994, 10 (2)：103 - 131.

[136] 梁正召，杨天鸿，唐春安，等. 非均匀性岩石破坏过程的三维损伤软化模型与数值模拟 [J]. 岩土工程学报，2005 (12)：1447 - 1452.

[137] 徐涛，唐春安，宋力，等. 含瓦斯煤岩破裂过程流固耦合数值模拟 [J]. 岩石力学与工程学报. 2005 (10)：1667 - 1673.

[138] 梁正召，唐春安，唐世斌，等. 岩石损伤破坏过程中分形与逾渗演化特征 [J]. 岩土工程学报，2007 (9)：1386 - 1391.

[139] 黄达，金华辉，黄润秋. 拉剪应力状态下岩体裂隙扩展的断裂力学机制及物理模型试验 [J]. 岩土力学，2011，32 (4)，997 - 1002.

[140] 范豪杰. 远距离极薄下保护层开采防突效果研究 [D]. 焦作：河南理工大学，2016.

[141] Chen H, et al. Permeability distribution characteristics of protected coal seams during unloading of the coal body [J]. International Journal of Rock Mechanics and Mining Sciences, 2014 71：105 - 116.

[142] Liu Q, Y Cheng. Measurement of pressure drop in drainage boreholes and its effects on the performance of coal seam gas extraction：a case study in the Jiulishan Mine with strong coal and gas outburst dangers [J]. Natural Hazards, 2014, 71 (3)：1475 - 1493.

[143] Liu S, Harpalani S. Permeability prediction of coalbed methane reservoirs during primary depletion [J]. International Journal of Coal Geology, 2013, 113：1 - 10.

[144] 臧杰. 煤渗透率改进模型及煤中气体流动三维数值模拟研究 [D]. 北京：中国矿业大学 (北京)，2015.

[145] Wu Y S, Pruess K, Persoff P. Gas flow in porous media with Klinkenberg

effects [J]. Transport in Porous Media, 1998, 32 (1): 117 - 137.

[146] Zhu W C, Liu J, Sheng J C, Elsworth D. Analysis of coupled gas flow and deformation process with desorption and Klinkenberg effects in coal seams [J]. International Journal of Rock Mechanics and Mining Sciences, 2007, 44 (7): 971 - 980.

[147] Hu G, Wang H, Fan X, Yuan Z, Hong S. Mathematical Model of Coalbed Gas Flow with Klinkenberg Effects in Multi - Physical Fields and its Analytic Solution [J]. Transport in Porous Media, 2009, 76 (3): 407 - 420.

[148] 刘洪永. 远程采动煤岩体变形与卸压瓦斯流动气固耦合动力学模型及其应用研究 [D]. 徐州: 中国矿业大学, 2010.

[149] Wang G, Ren T, Wang K, Zhou A. Improved apparent permeability models of gas flow in coal with Klinkenberg effect [J]. Fuel, 2014, 128: 53 - 61.

[150] 王登科, 魏建平, 付启超, 等. 基于 Klinkenberg 效应影响的煤体瓦斯渗流规律及其渗透率计算方法 [J]. 煤炭学报, 2014 (10): 2029 - 2036.

[151] Hu G Z, W HT, F XG, Y ZG. Investigation on law of methane gas in coal with coal - gas outburst hazard and low permeability [J]. Chinese Journal of Rock Mechanics and Engineering, 2009, 12: 2527 - 2534.

[152] Wang S G, Elsworth D, Liu JS. Mechanical behaviour of methane infiltrated coal: the roles of gas desorption, stress level and loading rate [J]. Rock Mech Rock Eng, 2012, 46, 945 - 58.

[153] Pan Z, Connell L D. Modelling permeability for coal reservoirs: A review of analytical models and testing data [J]. International Journal of Coal Geology, 2012, 92: 1 - 44.

[154] Gu F, Chalaturnyk, R. J. Permeability and porosity models considering anisotropy and discontinuity of coalbeds and application in coupled simulation [J]. Journal of Petroleum Science and Engineering, 2010, 74 (3 - 4): 113 - 131.

[155] Wang K, Zang J, Wang G, Zhou A. Anisotropic permeability evolution of coal with effective stress variation and gas sorption: Model development and analysis [J]. International Journal of Coal Geology, 2014,

130：53 – 65.

[156] Guo P K, Cheng Y P, Jin K, et al. Impact of Effective Stress and Matrix Deformation on the Coal Fracture Permeability [J]. Transport in Porous Media, 2014, 103 (1)：99 – 115.

[157] 冉启全, 李士伦. 流固耦合油藏数值模拟中物性参数动态模型研究 [J]. 石油勘探与开发. 1997, 24 (03)：61 – 65.

[158] 卢平, 沈兆武, 朱贵旺, 等. 岩样应力应变全过程中的渗透性表征与试验研究 [J]. 中国科学技术大学学报, 2002, 32 (6)：678 – 684.

[159] 李培超, 孔祥言, 卢德唐. 饱和多孔介质流固耦合渗流的数学模型 [J]. 水动力学研究与进展, 2003, 18 (4)：419 – 426.

[160] 李祥春. 煤层瓦斯渗流过程中流固耦合问题研究 [D]. 太原：太原理工大学, 2005.

[161] 陶云奇. 含瓦斯煤 THM 耦合模型及煤与瓦斯突出模拟研究 [D]. 重庆：重庆大学, 2009.

[162] 徐超. 岩浆岩床下伏含瓦斯煤体损伤渗透演化特性及致灾机制研究 [D]. 徐州：中国矿业大学, 2015.

[163] 郑吉玉. 工作面前方煤体采动卸压规律及其与瓦斯运移相关性研究 [D]. 北京：中国矿业大学 (北京), 2016.

[164] Levine J. Model study of the influence of matrix shrinkage on absolute permeability of coal bed reservoirs [J]. Geological Society Sprcial Publication, 1996, 109：197 – 212.

[165] Maggs, F. A. P. The adsorption – swelling of several carbonaceous solids [J]. Trans. Faraday Soc. , 1946, 42：284 – 288.

[166] 薛定谔 A E. 多孔介质中的渗流物理 [M]. 王鸿勋, 张朝琛, 译. 北京：石油工业出版社, 1984：141 – 173.

[167] Biot M . A. General theory of three – dimension consolidation [J]. J. Appl . Phys. 1941, (12)：155 – 164.

[168] Ettinger I L. Swelling stress in the gas – coal system as an energy source in the development of gas bursts [J]. Soviet Mining Science, 1979, 15 (5)：494 – 501.

[169] 陈勉, 陈至达. 多重孔隙介质的有效应力定律 [J]. 应用数学和力学, 1999, 20 (11)：1121 – 1127.

［170］ 李培超, 孔祥言, 卢德唐. 饱和多孔介质流固耦合渗流的数学模型 ［J］. 水动力学研究与进展, 2003, 18 (4): 419 - 426.

［171］ 吴世跃. 煤层气与煤层耦合运动理论及其应用的研究 - 具有吸附作用的气固耦合理论 ［D］. 沈阳: 东北大学, 2005.

［172］ 蔡新树, 陈勉, 金衍, 等. 各向异性多重孔隙介质有效应力定律 ［J］. 工程力学, 2009, 26 (4): 57 - 67.

［173］ 海龙, 梁冰, 隋淑梅. 考虑损伤作用计算多孔介质有效应力研究 ［J］. 力学与实践, 2010, 32 (1): 29 - 32.

［174］ 祝捷, 姜耀东, 孟磊, 等. 载荷作用下煤体变形与渗透性的相关性研究 ［J］. 煤炭学报, 2012 (06): 984 - 988.

［175］ 郭品坤. 煤与瓦斯突出层裂发展机制研究 ［D］. 徐州: 中国矿业大学, 2014.

［176］ Sawyer W, Paul G, Schraufnagel R. Development and application of a 3 - D coalbed simulator. Proceedings of the International Technical Meeting Hosted Jointly by the Petroleum Socity of CIM and the Society of Petroleum Engineers ［C］. Calgary, Alberta, Canada, 1900, 90 - 119.

［177］ DuttaP, Harpalani S, Prusty B. Modeling of CO_2 sorption on coal ［J］. Fuel, 2008, 87 (10 - 11): 2023 - 2036.

［178］ Palmer I, Mansoori J. How permeability depends on and pore pressure in coalbeds: a new model ［J］. SPE Reservoir Evaluation Engineering, 1998, 1 (6): 539 - 544.

［179］ Pekot L, Reeves S. Modeling coal matrix shrinkage and differential swelling with CO_2 injection for enhanced coalbed methane recovery and carbon sequestration applications. Washington, DC US DOE, 2002.

［180］ SHI J Q, S Durucan. Drawdown Induced Changes in Permeability of Coalbeds: A New Interpretation of the Reservoir Response to Primary Recovery ［J］. Transport in Porous Media, 2004, 56, 1 - 16.

［181］ Cui X J, Bustin R. Volumetric strain associated with methane desorption and its impact on coalbed gas production form deep coal seams ［J］. AAPG Bulletion. , 2005, 89 (9): 1181 - 1202.

［182］ Pan Z, Connell L D. A theoretical model for gas adsorption - induced coal swelling ［J］. International Journal of Coal Geology , 2007, 69 (4): 243 - 252.

168

[183] Liu H, Rutqvist, J. A new coal permeability model: internal swelling stress and fracture matrix interaction [J]. Transport in Porous Media, 2010, 82 (1): 157 – 171.

[184] Izadi G, Wang S, Elsworth D, et al. Permeability evolution of fluid – infiltrated coal containing discrete fractures [J]. International Journal of Coal Geology, 2011, 85 (2): 202 – 211.

[185] Chilingar G V. Relationship between porosity permeability and grain size distribution of sands and sandstones [C]. Developments in Sedimentology, Elsevier, 1964: 71 – 75.

[186] 俞启香. 煤矿瓦斯防治 [M]. 徐州：中国矿业大学出版社，1992：229 – 230.

[187] 孔祥言. 高等渗流力学 [M]. 合肥：中国科学技术大学出版社，2010：661 – 679.

[188] 梁冰，袁欣鹏，孙维吉. 本煤层顺层瓦斯抽采渗流耦合模型及应用 [J]. 中国矿业大学学报，2014 (02)：208 – 213.

[189] 尹光志，李铭辉，李生舟，等. 基于含瓦斯煤岩固气耦合模型的钻孔抽采瓦斯三维数值模拟 [J]. 煤炭学报，2013 (04)：535 – 541.

[190] 尹光志，王登科，张东明，等. 含瓦斯煤岩固气耦合动态模型与数值模拟研究 [J]. 岩土工程学报，2008，10 (4)：1430 – 1435.

[191] 鲁义，申宏敏，秦波涛，等. 顺层钻孔瓦斯抽采半径及布孔间距研究 [J]. 采矿与安全工程学报，2015 (01)：156 – 162.

[192] 费玉祥，蔡峰，张笑难，等. 钻孔抽放瓦斯渗流特性的气固耦合模型 [J]. 煤矿安全，2014 (03)：1 – 4.

[193] 杨天鸿，陈仕阔，朱万成，等. 煤层瓦斯卸压抽放动态过程的气 – 固耦合模型研究 [J]. 岩土力学，2010 (07)：2247 – 2252.

[194] 杨小彬，陶振翔，蔡彬彬，等. 含瓦斯煤岩流固耦合渗流数值模拟 [J]. 辽宁工程技术大学学报（自然科学版）. 2014 (08)：1009 – 1014.

[195] 卢义玉，贾亚杰，葛兆龙，等. 割缝后煤层瓦斯的流 – 固耦合模型及应用 [J]. 中国矿业大学学报，2014 (01)：23 – 29.

[196] 郭平，曹树刚，张遵国，等. 含瓦斯煤体固气耦合数学模型及数值模拟 [J]. 煤炭学报，2012 (S2)：330 – 335.

[197] 司鹄, 郭涛, 李晓红. 钻孔抽放瓦斯流固耦合分析及数值模拟 [J]. 重庆大学学报, 2011 (11): 105 – 110.

[198] 吴世跃, 赵文, 郭勇义. 煤岩体吸附膨胀变形与吸附热力学的参数关系 [J]. 东北大学学报 (自然科学版), 2005, 26 (7): 683 – 686.

[199] 梁冰, 章梦涛, 王泳嘉. 煤层瓦斯渗流与煤体变形的耦合数学模型及数值解法 [J]. 岩石力学与工程学报, 1996, 15 (2): 135 – 142.

[200] Liu Q Q, Cheng Y P, Zhou H X, et al. A mathematical model of coupled gas flow and coal deformation with gas diffusion and Klinkenberg effects [J]. Rock Mechanics and Rock Engineering, 2015, 48 (3): 1163 – 1180.

[201] 李明助. 受载含瓦斯煤水气两相渗流规律与流固耦合模型研究 [D]. 焦作: 河南理工大学, 2015.

[202] 秦恒洁. 考虑吸附解吸的受载含瓦斯煤渗流规律与气固动态耦合模型研究 [D]. 焦作: 河南理工大学, 2014.

[203] 吴松刚. 考虑滑脱效应的受载含瓦斯煤渗流规律研究 [D]. 焦作: 河南理工大学, 2014.

[204] Wu Y S, Pruess K, Persoff P. Gas flow in porous media with Klinkenberg effects [J]. Transport in Porous Media, 1998, 32 (1): 117 – 137.

[205] Hu G Z, Wang H T, Tan H X, et al. Gas seepage equation of deep mined coal seams and its appli – cation [J]. Journal of China University of Mining Technology, 2008, 18 (4): 483 – 486.

[206] 刘佳佳, 王丹, 王亮, 等. 考虑 Klinkenberg 效应的瓦斯抽采流固耦合模型及其应用 [J]. 中国安全科学学报, 2016, 26 (11): 92 – 97.

[207] 刘三钧, 马耕, 卢杰, 等. 基于瓦斯含量的相对压力测定有效半径技术 [J]. 煤炭学报, 2011, 36 (10): 1715 – 1719.

[208] Yang T, Chen P, Li B. Potential safety evaluation method based on temperature variation during gas adsorption and desorption on coal surface [J]. Safety science, 2019, 113: 336 – 344.

[209] 张春旺, 李绍泉. 低渗透煤的孔隙结构特征及其瓦斯吸附特性 [J]. 煤矿安全, 2019, 50 (1): 21 – 24.

[210] 高建良, 李沙沙, 杨明, 等. 水分对无烟煤瓦斯吸附影响的低场核磁试验研究 [J]. 安全与环境学报, 2018, 18 (1): 151-155.

[211] 肖晓春, 王磊, 吴迪, 等. 瓦斯吸附作用下煤岩力学行为及声—电荷反演 [J]. 中国安全科学学报, 2018, 28 (7): 82-87.

[212] 柳先锋, 宋大钊, 何学秋, 等. 微结构对软硬煤瓦斯吸附特性的影响 [J]. 中国矿业大学学报, 2018, 47 (1): 155-161.

[213] 李树刚, 白杨, 林海飞, 等. 温度对煤吸附瓦斯的动力学特性影响实验研究 [J]. 西安科技大学学报, 2018, 38 (2): 181-186.

[214] 秦跃平, 王健, 郑赟, 等. 煤粒瓦斯变压吸附数学模型及数值解算 [J]. 煤炭学报, 2017, 42 (4): 923-928.

[215] 闫江伟, 薄增钦, 杨亚磊. 纳米级孔隙对构造煤吸附瓦斯能力的影响 [J]. 中国安全科学学报, 2018, 28 (10): 131-136.

[216] 李彦斌, 郭勇义, 王东. 电场对煤表面结构及瓦斯吸附性的影响 [J]. 煤炭学报, 2016, 41 (11): 2786-2792.

[217] 林海飞, 程博, 李树刚, 等. 煤的吸附孔结构对瓦斯放散特性影响的实验研究 [J]. 采矿与安全工程学报, 2016, 33 (3): 557-563.

[218] 孙重旭. 矿井煤与瓦斯突出危险的连续预测技术及系统 [J]. 煤炭工程, 1996 (10): 26-30.

[219] Kołodziejek J, Główka E, Hyla K, et al. Relationship between surface properties determined by inverse gas chromatography and ibuprofen release from hybrid materials based on fumed silica. [J]. International Journal of Pharmaceutics, 2013, 441: 441-448.

[220] Krooss B M, Bergen F V, Gensterblum Y, et al. High-pressure methane and carbon dioxide adsorption on dry and moisture-equilibrated-Pennsylvanian coals [J]. International Journal of Coal Geology, 2002, 51 (2): 69-92.

[221] 聂百胜, 柳先锋, 郭建华, 等. 水分对煤体瓦斯解吸扩散的影响 [J]. 中国矿业大学学报, 2015, 44 (5): 781-787.

[222] 王兆丰, 岳高伟, 康博, 等. 低温环境对煤的瓦斯解吸抑制效应试验 [J]. 重庆大学学报, 2014, 37 (9): 106-112.

[223] 杨涛, 聂百胜. 煤粒瓦斯解吸实验中的初始有效扩散系数 [J]. 辽宁工程技术大学学报 (自然科学版), 2016, 35 (11): 1225-1229.

[224] 张萍. 淮南潘集深部瓦斯吸附解吸实验研究 [D]. 淮南: 安徽理

工大学，2017.

[225] 赵阳升，冯增朝，文再明. 煤体瓦斯愈渗机理与研究方法 [J]. 煤炭学报，2004，(3)：293 - 297.

[226] Hong G, Nomura M, Satoru Murata A, et al. Statistical Distribution Characteristics of Pyridine Transport in Coal Particles and a Series of New Phenomenological Models for Overshoot and Nonovershoot Solvent Swelling of Coal Particles [J]. Energy & Fuels, 1999, 13 (2)：518 - 528.

[227] Majewska Z, Ceglarska - Stefańska G, Majewski S, et al. Binary gas sorption/desorption experiments on a bituminous coal：Simultaneous measurements on sorption kinetics, volumetric strain and acoustic emission [J]. International Journal of Coal Geology, 2009, 77 (1 - 2)：90 - 102.

[228] Karacan CÖ. Swelling - induced volumetric strains internal to a stressed coal associated with CO_2 sorption [J]. International Journal of Coal Geology, 2007, 72：209 - 220.

[229] Day S, Fry R, Sakurovs R. Swelling of coal in carbon dioxide, methane and their mixtures [J]. International Journal of Coal Geology, 2012, 93 (93)：40 - 48.

[230] 宋志敏，刘高峰，杨晓娜，等. 高温高压平衡水分条件下变形煤的吸附—解吸特性 [J]. 采矿与安全工程学报，2012，29 (4)：591 - 595.

[231] 梁冰，石迎爽，孙维吉，等. 考虑压力作用的煤吸附/解吸 CH_4 变形试验研究 [J]. 实验力学，2014，29 (2)：215 - 222.

[232] 祝捷，张敏，传李京，等. 煤吸附/解吸瓦斯变形特征及孔隙性影响实验研究 [J]. 岩石力学与工程学报，2016，35 (S1)：2620 - 2626.

[233] 张遵国，曹树刚，郭平，等. 原煤和型煤吸附—解吸瓦斯变形特性对比研究 [J]. 中国矿业大学学报，2014，43 (3)：388 - 394.

[234] 聂百胜，卢红奇，李祥春，等. 煤体吸附—解吸瓦斯变形特征实验研究 [J]. 煤炭学报，2015，40 (4)：754 - 759.

图书在版编目（CIP）数据

真三轴条件下受载煤体损伤与瓦斯渗流耦合机理研究/
刘佳佳著. --北京：煤炭工业出版社，2018
ISBN 978 - 7 - 5020 - 6433 - 4

Ⅰ.①真… Ⅱ.①刘… Ⅲ.①瓦斯渗透—研究 Ⅳ.
①TD712

中国版本图书馆 CIP 数据核字(2018)第 233752 号

真三轴条件下受载煤体损伤与瓦斯渗流耦合机理研究

著　　者	刘佳佳	
责任编辑	彭　竹　张　成　籍　磊	
编　　辑	田小琴　刘　鹏	
责任校对	陈　慧	
封面设计	王　滨	

出版发行　煤炭工业出版社（北京市朝阳区芍药居 35 号　100029）
电　　话　010 - 84657898（总编室）　010 - 84657880（读者服务部）
网　　址　www. cciph. com. cn
印　　刷　北京建宏印刷有限公司
经　　销　全国新华书店

开　　本　880mm×1230mm$^1/_{32}$　印张　$5^5/_8$　字数　153 千字
版　　次　2018 年 10 月第 1 版　2018 年 10 月第 1 次印刷
社内编号　20181450　　　　　定价　28.00 元